KB187830

긴장과
두려움의
여정

초판 1쇄 발행 2023년 5월 8일
2쇄 발행 2023년 5월 17일
3쇄 발행 2024년 3월 29일

지은이 금동일
발행인 이동한
진행 이일섭, 최덕철
편집 정명효, 김은정
디자인 송희찬

펴낸 곳 (주)조선뉴스프레스
등록일자 2001년 1월 9일
등록 제301-2001-037호
주소 서울특별시 마포구 상암산로 34
DMC 디지털큐브빌딩 13층
(주)조선뉴스프레스 (03909)
편집 문의 02-724-6758
구입 문의 02-724-6797

값 17,000원
ISBN 979-11-5578-503-4 (13500)

긴장과 두려움의 여정

금동일 지음

중대재해처벌법 시행 1년,
중대재해 제로의 비결

글머리에

재난안전관리 업무를 수행하는 이들에게 진심 어린 도움을 전할 수 있기를

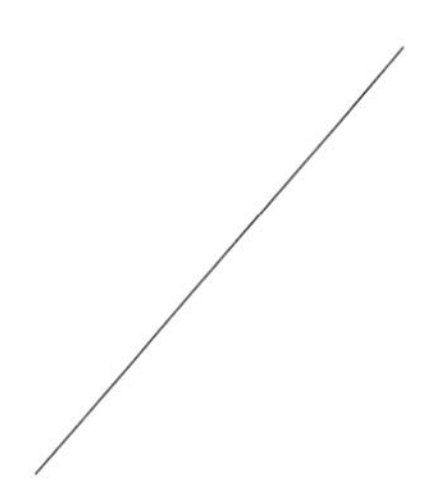

필자가 책을 집필하겠다고 마음먹은 이 순간에도 서울의 중심에서는 중대재해에서 파급된 각종 정치적 구호가 난무하고 있다. 바로 '이태원 참사' 후유증이다. 이는 낯선 풍경이 아니다. 과거에도 성수대교 붕괴 사고를 비롯해 삼풍백화점 붕괴 사고, 대구지하철 폭발 사고, 세월호 침몰 사고 등이 국민 모두의 가슴을 아프게 만들었으며, 최근까지도 대형 물류센터 화재와 이태원 참사에 이르는 각종 재난안전 관련 사건·사고가 뉴스를 잠식하고 있다. 복잡하고 다원화된 현대 사회를 살아가는 우리는 각종 사회 및 자연 재난을 일상적으로 마주하고 있는 셈이다.

글을 쓰기 전 '과연 내가 하고 싶은 이야기를 제대로 표현할 수 있을까? 독자들이 관심을 가져 줄까? 제목에서부터 재난안전관리라는 단어가 등장하면 손사래를 치는 게 아닐까…' 하는 막연한 두려움이 앞서기도 했다. 그렇지만 용기를 내기로 했다. 정부와 민간 기업에서 체득한 위기 및 안전 관리 현장 경험을 토대로 소박하면서도 인간적인 이야기, 그중에서도 '소통'과 '실행'의 중요성을 강조하고 싶었다. 그래서 공적·사적으로 분주한 연말연시에도 짬을 내어 펜을 쥐었다. 더욱이 기업의 중대재해처벌법 시행(2022년 1월 27일) 1주년을 맞이하여 지난 1년을 되돌아보는 것도 나름의 의미가 있다고 생각했다.

현대 사회, 나아가 미래 사회에서 IT 기반 첨단 과학을 바탕으로 문명이 발달하면 할수록 그에 따른 각종 대형 복합 재난이 일어나고, 또 발생할 것이다. 급격한 기후 변화가 재난 발생의 촉매제 역할을 하리라는 것은 자명하다. 이제 남은 것은 일상화되다시피 한 대형 재난을 어떻게 관리하고 대처하느냐는 것이다. 재난안전관리가 국가 정책의 최우선 과제 중 하나인 동시에 공동체 생활을 영위하는 인간에게는 막중한 책무로 다가오고 있다는 뜻이다. 현대 사회는 재난 관리, 나아가 위기 관리의 질과 방법에 따라 행복한 삶의 척도가 정형화되고 재단될 것이다. 이는 헌법에 보장된 '인권'과 '행복추구권'과도 직결되는 문제다.

필자는 30여 년간 청와대 국가안보실 위기관리센터와 국무총리실 안보협력관, 그리고 여타 안보 기관에서 국가 위기 및 재난안전관리 업무를 경험한 바 있다. 대학에서는 이론적으로 관련 연구도 했다. 돌이켜보면 보람과 아쉬움을 느끼며 만감이 교차한다. 지금 이 순간까지도 가슴 한구석에 빛나는 보석과 진한 응어리로 자리 잡고 있다. 운명적으로 다가온 '안전'이라는 두 글자는 아직도 필자의 능력과 인내력을 시험하고 있는 것만 같아 서글플 때도 있다. 하지만 동시에 '국민의 생명과 재산을 지키는 파수꾼'이라는 의미로 다가오고 있어 행복의 열쇠가 되어 주곤 한다. 이것이 민간 기업에서 재난안전관리 업무에 보탬이 되어야겠다고 마음먹은 이유이기도 하다.

물론 민간 기업에서의 안전 경영이 그리 순탄하지만은 않았다. 정부의 안전 관리 업무에 적극 참여한 사람으로서 민간에서는 좀 더 남다르게 안전 관리 업무를 효율적이고 생산적으로 수행할 수 있을 것이라 기대했다. 그러나 현실은 녹록하지 않았다. 순풍이 불기에는 아직 이르다는 뜻이다. 필자의 회사는 ESG, 즉 안전에 관해서는 어느 기업보다도 선제적·선도적 인식을 바탕으로 많은 투자를 하고 있다. 그것은 오너(owner)이자 최고 경영자의 경영 철학을 기반으로 하고 있다. 그럼에도 불구하고 안전 관리 업무가 흡족한 성과를 내고 있다고 이야기하기에는 부끄러운 측면이 존재하는 것도 사실이다. 다만 지금 이 순간까지 지난 1년간 중대재해 '제로'를 달성하고 있다는 데 위안을 두고 싶다.

서설이 길었다. 필자가 졸필(拙筆)임에도 불구하고 재난안전관리 경험에 대해 집필하겠다고 마음먹은 진정한 이유는 여기에 있다. 정부와 민간 기업에서 동시에 안전 관리 업무를 수행하면서 나름으로 터득한 효율적인 업무 비법과 그 노하우, 그리고 재난안전 관리자가 가져야 할 최대 덕목에 대해 이야기하고 싶었다. 동시에 안전 관리를 담당하는 전문가로서 갖춰야 할 근본 자세와 조직 내 리더로서 정립한 나름의 안전 관리 이론 등에 대해 자문자답(自問自答) 형식으로 정리해 보고 싶었다.

오랫동안 고민하며 정립해온 필자 나름의 생각과 이론이 공적·사적 영역에서 재난안전관리 업무를 수행하는 사람들에게 조금이라도 도움을 전할 수 있다면 더할 나

위 없이 좋을 듯하다. 여기서 글의 무게 중심이 재난안전관리 시스템이나 조직, 사건·사고 등 무겁고 딱딱한 화두에 있지 않다는 점을 강조하고 싶다. 재난안전관리 업무를 수행하는 과정에서의 핵심 키워드라 할 수 있는 '소통'과 '감성', '실행력'을 중심으로 이야기하고 싶다. 독자들과 공감하며 '안전'에 관한 조그마한 불씨라도 지필 수 있기를 기원해 본다.

끝으로 이 책이 완성되기까지 물심양면으로 도움을 주신 분들에게 감사의 뜻을 전하고자 한다. 먼저 글을 쓸 수 있는 환경적 토양과 정신적 계기를 마련해 주신 ㈜아워홈 구지은 부회장님, 그리고 김준섭, 김희섭, 최효민, 류통화, 김미영 등 재난안전관리 업무 리더들에게 진심 어린 감사의 마음을 전하고 싶다. 집필 과정에서 자료 지원 등 특별히 관심을 보여준 임규암, 조현호, 김린아, 유예린 직원에게도 고마운 마음을 보탠다. 아울러 방송기자로서 아버지의 글을 무성의하게나마 감수해준 큰아들 창호, 옆에서 감성적인 단어 착안에 도움을 준 둘째 아들 창익에게도 고맙다는 말을 전한다.

이제 가장 소중한 분이 인사를 받을 준비를 하고 있다. 가장(家長)임에도 집안일을 팽개치고 현안 업무에만 집중하는 데다 글을 쓴다며 밤을 새우는 남편이 밉지도 않은 모양이다. "힘내세요, 응원할 게요!"라며 미소 짓는 모습으로 따뜻한 커피 한잔을 건넨다. 아내 이희정 님의 이야기다. 이런 아내의 든든한 지지와 응원에 지칠 때마다 큰 힘을 얻었다. 이 자리를 빌어 감사의 인사보다는 사랑의 마음을 전한다.

2023년 4월 어느 새벽

고요와 적막이 흐르는 ㈜아워홈 사무실에서
후연 **금동일**

차례

글머리에

Chapter 1

비전 • 책무

Chapter 2

소통 · 실행

Chapter 3

공감 · 감성

Chapter 4

다짐 · 약속

추천의 글

Chapter 1

비전 · 책무

첫 만남의 전주곡, 최고 경영자가 건넨 '안전 경영 철학'의 선율
심금(心琴)을 울리다

순수성과 호기심, 그리고 '해맑은 미소'의 반사경
그 속에 비친 '책임감', 그리고 '엄중함'

역발상의 자세, 중대재해처벌법을 바라보는 시각
중대재해 '제로'의 결실로 돌아오다

시작은 물음표(?), 지금은 느낌표(!)
성취감과 자긍심이 움트다

첫 만남의 전주곡, 최고 경영자가 건넨 '안전경영철학'의 선율

심금(心琴)을 울리다

포근한 햇살이 겨울을 감싸던 12월 어느 날, 최고 경영자와 마주하다

:

"어서 오십시오. 환영합니다. 그리고 반갑습니다. 환영과 반가움 이전에 고맙다는 인사부터 하겠습니다. 오늘 이 자리는 전장(戰場)에서 진두지휘하는 장수의 심정입니다."

위의 대화는 필자가 ㈜아워홈의 안전경영총괄 책임자 임무를 수행하기 위해 오너이자 최고 경영자인 구지은 부회장과 상견례를 하던 자리에서의 기록이다. 부회장의 의지는 계속 이어졌다.

"솔직히 말씀드리자면 저는 정부가 중대재해처벌 등에 관한 법률•

(이하 중대재해법)을 제정하기 이전부터 임직원의 안전과 재산 보호에 남다른 관심을 가져 왔습니다. 우리 회사는 종합식품 회사이지만 전국에 제조 공장, 물류센터가 20여 곳 넘게 산재되어 있고, 기업을 중심으로 대형 급식소를 1,000여 곳 넘게 운영하고 있어요. 따라서 재난안전 사고가 빈번하게 일어날 개연성이 많은 회사입니다.

제가 경영 일선에 복귀하면서 우선적으로 생각한 것이 임직원들의 안전 문제였습니다. 특히 정부에서 중대재해법 도입 이야기가 나올 때부터 우리는 재난안전 관련 전문가, 로펌, 노동부 출신 관계자들과 효율적인 안전 경영을 위한 방안 찾기에 노력해 왔습니다. 동시에 안전 경영을 책임질 사람을 찾는 데 많은 고민을 한 것은 두말할 것도 없고요.

수많은 헤드헌터에게 의뢰도 하고, 직접 찾아 나서기도 했지만 적임자를 찾을 수가 없었어요. 지금까지 많은 임원을 임명했지만, 이번 인사만큼 힘든 적은 없었습니다. 그러던 중 등잔 밑이 어둡다고 옆(필자는 회사 비상근이사로 선임된 상태였다)에 두고도 알아보지 못했네요.

- 중대재해처벌법: 중대재해 처벌 등에 관한 법률

중대산업재해
- 사망자 1명 이상 발생
- 동일 사고로 6개월 이상 치료를 요하는 부상자 2명 이상 발생
- 동일한 유해 요인으로 직업성 질병자 1년 내 3명 이상 발생

중대시민재해
- 사망자 1명 이상 발생
- 동일 사고로 2개월 이상 치료를 요하는 부상자 10명 이상 발생
- 동일 원인으로 3개월 이상 치료가 필요한 질병자 10명 이상 발생

이제 적임자를 찾았으니 우리 회사 임직원 1만여 명의 생명과 재산 보호를 위해 맡은 바 소임을 다해 주시길 당부드립니다."

최고 경영자의 이 같은 발언을 통해 독자 여러분도 간접적으로 느낄 수 있을 것이다. 당시 필자와 마주한 구지은 부회장의 안전 경영 철학이 남달랐다. 그것은 철학이라고 이야기하기 전에 강한 소신과 신념이었다. 반평생 국가위기 및 안전관리 업무를 주관했던 필자는 부회장의 그런 소신과 신념을 '안전 업무 지침서'로 받아들였다.

다른 이야기지만, 30여 년간 공직 생활을 마친 필자에게 ㈜아워홈 입사 이유가 단지 생계문제 때문만은 아니었다. 정부에서 미력하나마 재난안전관리 업무를 주관한 경험을 토대로 민간 영역에 안전 업무를 접목시켜 보려는 강한 '소임(所任)' 내지 '소명 의식' 때문이었다. 필자가 부회장의 안전 경영 의지에 남다른 의미를 부여한 배경도 여기에 있다.

최고 경영자의 안전 경영 철학이 남달랐던 것은 아마도 다음과 같은 배경이 있지 않을까 짐작해 봤고, 지금도 그 같은 생각에는 변함이 없다. 통상 정부나 언론, 그리고 시민단체가 기업을 바라보면서 평가하는 시각은 당연히 긍정적인 면과 부정적인 면이 교차할 것이다. 부정적인 시각의 대표적인 사례가 '소유'와 '경영'의 분리 문제다. 즉 '전문경영인제' 도입 여부다. 하지만 소유와 경영 분리 문제에 대한 논란의 본질은 분리되었느냐, 아니냐의 문제가 아니다. 소유주가 직접 경영에 참여하더라도 자격과 능력을 갖추었으면 문제될 것이 없다. 경영자로서 자격을 갖추지 못한 상태에서 경영에 관여하는 것이 문제라는 이야기다. 결론적으로 오너 일가가 젊을 때부터 경영 수업을 받은 상태에서 권력을 이양받았는지, 아니면 낙하산으로 권력을 장악했는지의 여부가 중요해진다.

그런 면에서 보면 구지은 부회장은 우리나라 최고 학부와 미국의 명문 대학원에서 경영학을 공부한 데다 20대부터 현업에 참여하여 차곡차곡 경영 수업을 익힌 상태다. 그래서 남다른 경영 철학을 지니고 있다고 평가할 수 있다. 그러한 철학과 신념, 그리고 식(食)문화에 대한 다양한 지식과 정보, 선대의 고귀한 유지(維持)를 이어받을 자세 등이 어우러져 활력이 넘치고 열정이 샘솟는 경영 문화를 이끌어가는 분이다.

입사 면접 과정에서 마주한 최고 경영자의 안전 경영 의지에 감동하지 않을 수 없었다. 그리고 그 시각은 필자가 중대재해법 시행 이후 1년여간 업무를 수행하는데 든든한 디딤돌이 되었다. 동시에 향후 재난안전관리 업무 수행에 힘을 불어넣는 청량제가 되기를 기대하게 만들었다.

순수성과 호기심, 그리고 '해맑은 미소'의 반사경

그 속에 비친 '책임감', 그리고 '엄중함'

부임하던 날의 잔상(殘像)

"안녕하십니까?"

"……."

침묵이 흘렀다.

잔뜩 긴장한 눈초리와 상기된 표정으로 직원들은 필자를 바라보고 있었다. "반갑습니다"라는 대답 이후, 일일이 악수를 나눈 후에도 침묵은 한동안 이어졌다.

나중에 안 사실이지만, 필자와 처음 마주한 이들은 분야별 책임자급 직원들이었다. 더 많은 직원들이 대강당에 모여 필자를 기다리고 있었다. 2022년 1월 21일, 중대재해법의 본격적인 시행(2022년 1월 27일)을 앞두고 필자가 ㈜아워홈의 안전경영 총괄직 임무를 수행하기 위해 발을 내디딘 첫 출근 날이었다.

그 무렵 언론에서는 아침, 저녁으로 중대재해법 시행을 앞두고 기업의 대응 동향과 반응 등을 쏟아내고 있었다. 방송과 지면은 온통 중대재해법 관련 내용으로 장식되고 있었다. 정치권 반응, 검찰·경찰·노동부의 입장, 특히 경영자총연합회 반대 성명과 노조의 요구사항이 비중 있게 다뤄지고 있었다.

이 무렵 중대재해법을 계기로 안전 관리 업무 시스템 구축에 여념이 없던 몇몇 기업에서는 어떤 경로로 필자의 경력을 탐지(?)했는지 모르지만 함께 일하자는 제안을 하곤 했다. 하지만 이왕이면 비상근이사로 재직 중이던 ㈜아워홈에서 안전 관리 업무를 수행하기로 마음먹은 것은 당연한 일이었다. 그 인연으로 직원들과의 첫 상견례 자리도 만들어진 것이다.

"아워홈과 인연이 되어 안전 경영 업무를 수행하러 온 금동일입니다. 여러분 반갑습니다. 앞으로 여러분과 손발을 맞추어 회사 안전관리 업무가 빈틈없이 이루어지도록 노력합시다. 여러분들도 중대재해법 때문에 전문적으로 관련 업무를 수행하기 위해 이 자리에 모인 것으로 압니다. 처음이라 두렵기도 하고, 또 생소하기도 할 것입니다. 하지만 제가 민간은 아니지만 공직 생활 동안 재난안전관리 업무 경험이 있습니다. 민간 기업이나 정부의 재난안전관리 업무가 방향성에 있어서는 크게 다르지 않을 것입니다. 나를 믿고 열심히 따라오면 안전 관리 업무 수행에 큰 문제가 없을 것입니다."

강당에서 모인 안전 관리 전사(?)들은 전사답지 않게 한결같이 해맑은 미소 혹은 경직된 표정을 짓는 순수한 얼굴들이었다. 지금 자신들 앞에 주어진 임무가 얼마나 엄중하고 막중한 것인지를 전혀 인식하지 못한 신입 사원 같은 분위기를 연출하고 있었다. 긴장과 두려움은 전혀 찾아볼 수 없었다. 한편으로 일부 직원들의 초롱초롱한 눈길 속에서 '과연 우리가 안전 관리 업무를 수행해낼 수 있을까? 우리를 이끌어 줄 안전 경영 책임자는 어떤 대상일까? 두려움의 대상인 용장(勇將)일까? 아니면 부드럽고 배려심이 많은 덕장(德將)일까?'와 같은 마음도 읽을 수 있었다.

사실 당시 필자는 '이 사람들이 과연 24시간 365일 긴장과 압박 속에서 이루어지는 안전 관리 업무를 수행할 수 있을까?' 하는 걱정이 앞섰다. 그러나 일주일 남짓이 지나자 그러한 걱정은 기우에 불과했다는 것을 알 수 있었다. 상견례 때 보았던 직원들의 순수하고 해맑은 미소는 어느새 엄중함과 책임감으로 무장된 검투사의 결연한 모습으로 변하고 있었다.

얼마 지나지 않은 시간 동안 직원들의 태도에서 '우리 회사 임직원의 생명과 재산은 우리가 지킨다'라는 주인 의식과 애사심이 느껴졌다. 특히 가슴속에 '중대재해 제로'라는 과업과 '업계 최초로 완벽한 안전 관리 시스템 구축'이라는 비전을 품고 있었다. 이를 실행하기 위한 각오로 무장되어 있는 것은 당연했다. 얼마나 대견스럽고 영광스러운 모습인가. 그날부터 필자는 공직 수행 당시 정립한 안전 관리 조직 문화의 핵심 조건인 '자율성', '수평성', '책임성'을 적극적으로 추구해 나가겠다고 다짐했다. 1년이 된 지금 이 순간도 그러한 기조에는 변함이 없다.

재난안전관리 교육과 훈련 모습

역발상의 자세, 중대재해처벌법을 바라보는 시각

중대재해 '제로'의 결실로 돌아오다

중대재해법은 걸림돌이 아니라 가치 있는 것

"반갑습니다. 오늘 제가 여러분 앞에 서게 된 배경은 너무나 명확합니다. 바로 중대재해법과 맞서기 위함입니다. 맞서기는 맞서되, '저항'이 아니라 '환영'하기 위함입니다."

필자의 목소리에 집중하던 직원들은 웅성거리기 시작했다. 일부 직원들은 고개를 갸우뚱하면서 '무슨 의미인지 잘 모르겠다'는 표정을 짓기도 했다. 나중에 들은 이야기지만 더러는 '정부에서 안전 업무를 수행해 본 분이라 정부 편을 드는 모양이다'라는 비판까지 있었다고 한다. 이에 아랑곳하지 않고 필자의 무거운 목소리 톤은 강도를 더해갔다.

"우선 여러분들은 대한민국에서 태어나 대한민국 국민이 된 것을 자랑스럽게 생각해야 합니다. 어디서 많이 들어 본 이야기겠지만, 한마디로 대한민국은 '초단기간 압축 성장'한 나라로 전 세계의 부러움을 사고 있습니다. 성장과 성공을 거듭하여 이제는 세계 '10대 경제대국'이니, '7대 교역국'이니 하는 식으로 칭찬을 듣고 있습니다. 식민지와 전쟁 폐허 등으로 세계 최빈국이던 나라가 어느덧 당당하게 선진국 대열에 들어섰습니다.

오늘날 대한민국이 있기까지는 경제인과 기업인의 역할이 큽니다. 수출 대국으로 성장한 대한민국의 발전 기저에는 대기업 등 재계의 역할이 너무나 소중했습니다."

기업과 기업인들의 역할에 대한 긍정 평가는 여기까지였다. 이후 기업의 사회적 책임과 역할, 즉 요즈음 대세인 ESG 이야기로 화제를 돌렸다.

"대한민국이 선진국이 된 이상, 국가는 물론 기업도 노블레스 오블리주(noblesse oblige)● 정신을 강화시켜야 합니다. 즉 중대재해법을 걸림돌이 아니라 가치 있는 것으로 받아들여야 합니다.

지금까지 기업이 본연의 가치인 이윤 추구에 집중했다면 이제는 종업원과 시민들의 인권과 삶의 행복추구권을 보장해야 합니다. 감히 말하지만 중대재해법은 상기 두 가지 가치 때문에 시행된 것으로 받아들여야 합니다.

● 높은 사회적 신분에 상응하는 도덕적 의무.

제가 공직자 출신이라고 해서 정부 편을 드는 게 아닙니다. 바로 여러분들의 생명과 재산을 보호하기 위해서는 불가피한 측면이 있다는 점을 강조하고 있는 것입니다."

여기서 화제를 바꿔 또 다른 이야기를 해보자. 당선된 대통령의 취임 선서에서 이런 이야기가 방송 매체를 통해 전 국민에게 전파되는 것을 한두 번은 들어 본 기억이 있을 것이다.

"나는 헌법을 준수하고 국가를 보위하며… 국민의 자유와 복리 증진… 대통령으로서의 직책을 성실히 수행할 것을 국민 앞에 엄숙히 선서합니다." — 헌법 제69조

"모든 국민은 인간으로서의 존엄과 가치를 가지며, 행복을 추구할 권리를 가진다. 국가는 개인이 가지는 불가침의 기본적인 인권을 확인하고 이를 보장할 의무를 진다." — 헌법 제10조

위의 헌법에서 보듯 국가 최고 지도자인 대통령은 정부를 대표하여 국민의 생명과 재산을 지킬 의무가 있다. 동시에 모든 국민은 행복을 추구할 권리를 가지며, 국가는 개인의 기본적인 인권을 보장해야 한다고 명시되어 있다. 마찬가지로 기업은 종업원들의 생명과 재산을 보호할 의무가 있으며, 인간으로서 살아갈 기본적인 인권과 행복추구권을 보장해야 한다. 이를 위해 중대재해법 같은 제도적 장치가 우선시되어야 함은 지극히 당연한 논리다. 그래서 안전 경영 업무를 맡고 있는 필자는 중대재해법을 환영할 수밖에 없었다.

그러한 인식을 바탕으로 안전경영 총괄 조직은 중대재해법을 회피의 대상인 불편한 존재로 생각하지 않았다. 오히려 직원들의 생명과 재산 보호를 위해 반드시 필요한 제도적 장치로 인식하게 되었다. 실제로 업무 수행 과정에서도 법 시행 취지를 살리기 위해 제조, 물류, 급식 현장 직원들의 생명과 재산 보호를 통해 인권과 행복추구권을 보장하는데 진심 어린 자세로 최선을 다해 온 것이다. 앞서 밝혔듯이 회사 최고 경영자의 남다른 안전 경영 철학과 안전 경영을 위한 많은 투자도 궁극적으로는 중대재해법의 불가피성을 인정하고 환영하는 데서 비롯되었다고 할 수 있다. 즉 관련 법 수용이 불가피하다면 마지못해 수용하는 자세를 보이기보다는 차라리 정공법을 통해 정면 돌파하는 것이 낫다는 인식을 갖고 있다.

최고 경영자와 모든 임직원이 선제적으로 중대재해처벌법을 이해하고 수용한 결과, 중대재해처벌법이 시행된 2022년 한 해 동안 중대재해 '제로'를 달성할 수 있었다. 특히 제조 공장, 물류센터, 급식소 등 당사가 운영하는 사업장은 중대재해가 발생할 확률과 개연성이 매우 높음에도 중대재해가 없었다는 데 큰 의미를 부여해 본다. 여기까지 오기에는 중대재해법에 대한 긍정적인 인식이 바탕이 되고 있다. 즉 중대재해법에 대한 적극적인 수용으로 인해 안전 업무 전반이 좋은 결실을 얻을 수 있었던 것이다. 이에 모든 임직원은 성취감과 함께 자긍심의 엔도르핀(endorphin)이 솟지 않을 수 없었다.

시작은 물음표(?), 지금은 느낌표(!)

성취감과 자긍심이 움트다

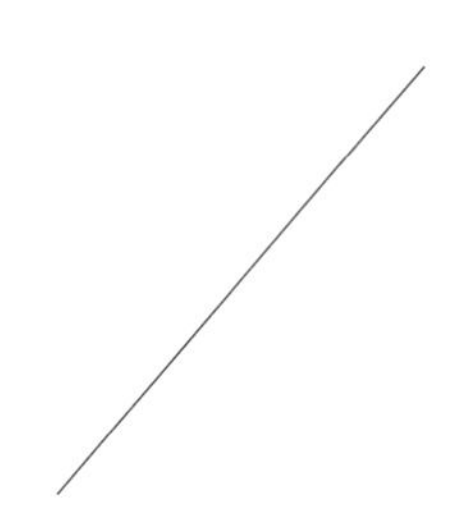

정신 건강은 곧 신체적 건강으로 이어진다

"법과 형법을 중대하게 크게 위배하면서까지 경영 책임자와 원청에 대해서 필연적으로 가혹한 중벌을 부과하려는 중대재해처벌법안의 제정에 반대한다."

— 2020년 12월 16일 서울프레스센터, 한국경영자총협회 등 30여 개 경제 단체 성명서

중대재해법 제정 문제가 대두할 당시 경제계는 관련 법이 도입되면 사고가 예방되는 것이 아니라 기업 활동이 가로막힌다는 입장이었다. 특히 중소기업들은 '전체 기업의 99%는 오너가 대표를 맡고 있다'며 이 법에 따르면 재해가 발생하면 오너가 구속돼 결국은 회사

가 문을 닫아야 한다고 호소했다. 나아가 근로자의 생계를 박탈하고, 고용 창출에도 역행한다며 강력한 반대 입장을 견지했다. 더구나 우리나라는 사망 재해 발생 시 처벌 수위가 이미 세계 최고 수준이며, 중대재해법이 도입된다 하더라도 처벌 수위가 우리보다 낮은 미국, 독일, 일본 등 선진국에 비해 사망 사고 감소 효과도 낮다는 주장이었다. 동시에 처벌 강화보다는 미흡한 산재 예방 정책을 대폭 강화해 나가야 한다는 입장을 고수했다.

> "중대재해법이 1월 27일부터 시행되었지만 뚜렷한 산재 감소 효과 없이 불명확한 규정으로 현장 혼란이 심화하고 경영 활동까지 위축되고 있다. 따라서 시급히 보완 입법이 이루어져야 한다. 다만 법률 개정은 시일이 소요되는 점을 고려해 당장은 현장 혼란을 해소할 수 있는 시행령 개정을 먼저 건의한다."
>
> — 2022년 5월 15일 한국경영자총협회 중대재해처벌법 개정 대정부 건의서

이처럼 한국경영자총협회와 같은 재계는 중대재해법이 시행된 지 1년이 지나가는 시점까지도 문제 제기를 이어가고 있다. 관련 법이 시행되면서 실제로 경영이 크게 위축되고 있으며, 한 번 재해가 발생하면 중범자로 취급하는 사회적 분위기가 부담스럽다는 이야기다.

2022년이 마무리되는 시점에서 대통령을 만난 한국경영자총협회 등 경제 5단체장들은 만찬 자리에서 중대재해법 보완 입법을 강력히 요구하면서 정부가 앞장서서 이를 적극 해결해 줄 것을 건의하기도 했다. 이에 정부도 관련 법 완화 입장을 밝히는 등 화답한 바 있다(2022년 2월 9일).

이처럼 지금까지 재계는 중대재해법 때문에 기업 활동이 위축되고, 궁극적으로는 대부분의 기업인들을 중범자로 만들 것이라며 초지일관 관련 법을 반대해오고 있다. 그러한 시각은 앞으로도 마찬가지일 것이다.

하지만 필자가 중대재해법 시행 이후 1년여간 안전 경영 활동을 전개해오면서 느낀 점은 중대재해법 덕분에 오히려 종업원과 시민의 인간다운 생활을 보장할 수 있었다는 사실이다. 필자가 앞서 '역발상의 자세, 중대재해처벌법을 바라보는 시각' 챕터에서 밝힌 방향성과 일맥상통한다는 점이다. 특히 안전 경영 활동을 하는 수많은 기업인과 내적 대화를 해보면, 관련 법에 대한 불만 못지않게 성과에 대한 이야기도 나오고 있다는 점을 밝히고 싶다. 다시 강조하지만 대부분의 기업이 과거와는 달리 중대재해 '제로'를 달성했다. 이는 당연히 종업원의 인권과 행복추구권이 강화되는 결과를 보여준 것이다.

그렇다면 일반 시민들은 중대재해처벌법 시행 1년을 어떻게 평가하고 있을까? 결과적으로 대다수 국민들은 중대재해법이 산업 재해 예방에 효과가 있는 것으로 긍정 평가하고 있다. '안전생활실천시민연합(안실련)'은 2023년 1월 17일부터 1월 19일까지 전국 성인 252명을 대상으로 중대재해법 1주년 설문 조사를 실시했다. 응답자의 54%(136명)가 '중대재해법을 매우 잘 알고 있다'고 답변했다. 이어 42.1%(106명)는 '일부 알고 있다'로 나타나 중대재해법에 대한 국민 인식이 높은 것으로 나타났다.

'중대재해법 시행 이후 산업 재해 감소에 효과가 있었다고 생각하십니까?'라는 질문에 '매우 효과가 있었다'고 응답한 사람은 72명, '어느 정도 효과가 있었다'는 응답이 131명으로 약 80%(203명)가 중대재해법 효과에 대해 긍정적으로 평가했다. 특히 효과가 있다고 평가한 203명 중 116명(57.1%)이 안전사고에 대한 경각심을 가장 큰 효과로 꼽았다. 기업의 안전 관련 조직 구축·강화 및 전문화(21.7%), 명확한 책임 소재 및 처벌(14.8%)이 뒤를 이었다. 중대재해법 보완 사안으로 '경영 책임자의 안전 보건 확보 의무 및 도급·용역·위탁 시 책임 범위가 보완되어야 한다'가 39%(99명), '법률상 개념 및 적용 범위 등의 명확화가 필요하다'라는 응답자가 29%(73명)였다.

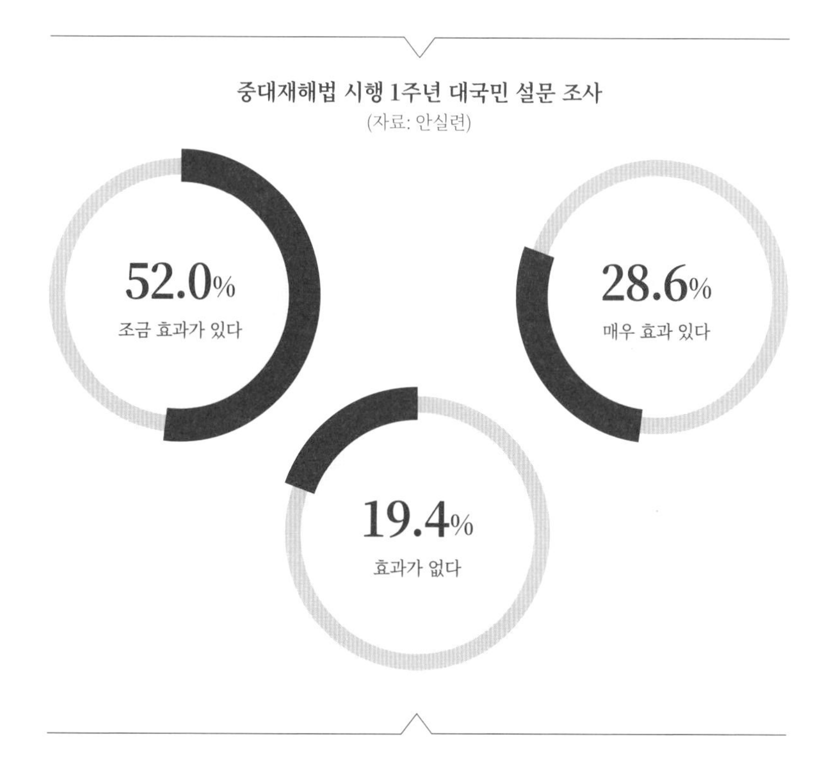

결론적으로 말해 보자. '중대재해법 때문에 경영 활동이 위축되어 더 이상 기업을 운영할 수 없다'가 아니라 '중대재해법 덕분에 기업에 안전 경영 문화가 정착되었다. 나아가 중대 재해 감소는 종업원들의 애사심과 주인 의식을 키우는 촉매제가 되었다'라는 사실이다. 즉 중대재해법 성과에 대해 시행 초기에는 재계는 물론 모든 사람에게 물음표(?)였으나, 1년이 지난 지금에 와서는 느낌표(!)로 변하고 있다는 사실이다.

이 같은 '~때문에(?)'와 '~덕분으로(!)'의 시각 차이는 다음 사례에서 더욱 실감할 수 있을 것이다. 미국의 철강 회사 USS(United States Steel)는 '안전 문화'를 창시하고, 선도적으로 정착시킨 회사로 정평이 나 있다. 안전 문화 도입 당시에는 주주들도 강력한 반대의 목소리를 냈으나, 안전 문화에 대한 오너의 강력한 의지와 진정성을 알고 난 이후에는 적극적으로 지지하는 방향으로 선회했다. 그 결과 오히려 ① 애사심이 증가하고, ② 제품 질이 우수해졌으며, ③ 생산성 향상과 동시에 ④ 장기 근속자가 늘어나는 등 긍정적인 요인이 많았다.

이처럼 같은 사안을 놓고도 긍정적·부정적 생각에 따라 나타나는 결과의 차이점, 즉 긍정 에너지와 부정적인 에너지로 인해 생기는 산출물의 차이를 논할 때 흔히들 재미있는 사례로 이런 이야기를 한다.

컵에 담긴 물을 보면서 누군가에게는 물이 반이나 남은 것이지만, 누군가에게는 물이 반밖에 남지 않은 것이다. (#사례 1)

공부할 수 있는 시간이 1시간 남았을 때, 누군가에게는 아직도 1

시간이나 남았지만, 누군가에게는 겨우 1시간밖에 남지 않은 것이다. (#사례 2)

직접 실험을 해보지 않아 명확한 근거가 있는지는 모르지만 "같은 종류의 꽃을 2개의 화분에 기르면서 한쪽은 미워하면서 물을 주고, 동시에 다른 한쪽은 칭찬하면서 물을 준다. 이때 미워하면서 물을 준 꽃은 시들고, 칭찬하면서 준 꽃은 싱싱하게 자란다. (#사례 3)

매사에 업무를 긍정적 시각으로, 희망을 갖고 바라보는 사람은 엔도르핀이 마구 솟아 삶 자체가 행복할 것이고, 의욕도 넘쳐날 것이다. 하지만 업무를 부정적으로 보는 사람은 스스로 불행을 자초한다. 긍정적인 에너지는 열정으로 이어지고, 그 열정은 행복으로 이어질 것이다. 여기서 강조하고 싶은 이야기는 '정신 건강은 곧 신체적 건강으로 이어진다'는 점이다. 이는 필자가 평소 스스로 체득한 소박한 생각이지만, 삶의 철학이기도 하다. 안전 관리 업무를 하는 사람들도 자신에게 주어진 환경과 임무를 이왕이면 긍정적으로 받아들이도록 하자. 그런 사고가 자신과 타인에게 모두 행복감을 줄 것이다.

현재 안전 경영에 매진하는 필자도 같은 입장이지만, 재계 모두가 중대재해법을 '악의 축'이 아니라 '선의 축'으로 받아들이자. 그러한 긍정적인 사고와 거기에 매진하는 긍정 에너지가 모두에게 성취감과 자긍심으로 승화될 것이다.

Chapter 2

소통·실행

재난안전관리 '4중창'의 하모니
'체계화된 시스템'으로 성과를 창출하다

재난안전관리자의 3대 핵심 역량
순발력, 창의력, 판단력

'99:1 규칙'이란?
재난안전관리의 4단계 : 예방 → 대비 → 대응 → 복구

'실행의 힘'에 중독되다
'안전'이라는 두 글자는 황홀한 무임승차

최고 경영진의 신변을 사수하라
골든타임 '5분의 마력(魔力)'

100년 만의 강남 '물 폭탄' 악몽, 유례없는 태풍에 속수무책
책상 앞에 쪼그리고 앉아 밤을 지새다

안전 업무 현장에서는 어떤 유형의 리더가 좋아?
용장(勇將), 덕장(德將), 그리고 지장(智將)

소통의 미학
재난안전관리 성과와 효율성의 '화수분'

안전 관리 현장의 '블랙홀', 워라밸과 비상근무
나는 꼰대, 너는 MZ! 사고(思考)와 문화가 충돌할 때

지속 가능 성장, ESG 가치를 담다
식품업계 최초 '폐기물 매립 제로' 최우수 등급 검증

재난안전관리 '4중창'의 하모니

'체계화된 시스템'으로 성과를 창출하다

'임기응변식' 관리가 아닌
'시스템'으로 이루어져야 한다

재난안전관리 이론 역시 다른 학문 분야 못지않게 복잡하고 다양하다. 쉽게 이야기하면 아직까지 학문으로 정립되기에는 많은 난제가 도사리고 있다. 다소 무리한 언급일지 모르지만 역사적으로도 어쩌면 1990년대 중·후반부터 본격적으로 연구되기 시작했다고 봐야 한다. 그것은 성수대교 붕괴, 삼풍백화점 붕괴 등 우리나라에 대형 재난안전사고가 빈번해지기 시작하면서 이에 따른 연구도 병행되었기 때문이다. 여기에 관련 학문과 이론도 다층적으로 발전되어 왔다. 기술, 건축, 토목 등 하드웨어적 측면, 즉 토목학, 건축학 등 이공 분야와 함께 행정학 등 인문 분야가 상호작용을 통해 형성되어 온 학문이라 더 복잡하고 다양하다 할 수 있다. 실제로 필자가 관련 학문을 연구하면서 절실함과 간절함을 느낀 것은 어쩌면 당연하다고 하겠다. 재난의 복잡성, 다양성만큼이나 이론도 분분하다.

정부에서도 매뉴얼을 기반으로 지난 2000년대 초반부터 본격적으로 재난안전관리 체계를 구축하기 시작했다. 정부마다 많은 우여곡절이 있었지만, 그래도 열심히 노력해온 점을 인정해야 할 것이다. 그럼에도 각종 재난사건이 기하급수적으로 늘어나는 현실에 속수무책이라는 점은 별개의 문제로 하자. 필자가 글을 쓰는 이 시간에도 대통령은 언론 매체를 통해 '국가 재난안전관리 시스템을 전면 개조하겠다'고 선언하고 있지 않은가. 모든 역대 정부에서 대형 재난사건이 발생할 때마다 똑같은 이야기들을 되풀이하고 있다.

역설적으로 말하자면 아무리 첨단 과학 문명을 바탕으로 이루어진다고 해도 재난안전관리가 그만큼 어렵다는 이야기가 아닌가. 재난안전관리는 '잘해야 본전'이라는 이야기까지 있으니 말이다. 특히 아무리 많은 정책을 제시해도 사고가 그치지 않고 있기 때문에 국민들로서는 정부의 재난안전관리가 영 마음에 들지 않을 것이다. 실제로 감흥을 주지 못하고 있다. 필자도 재난안전관리 담당자 이전에 국민의 한 사람으로 십분 이해한다. 그렇다면 현재 필자가 미력하나마 보탬이 되기 위해 열심히 노력하고 있는 민간 영역은 어떨까? 중대재해법 시행 이후 재난안전관리 분야에서 많은 진전이 있었고, 실제로 그러한 노력들이 재계의 재난안전관리 정책에 서서히 녹아들고 있는 것 또한 부인할 수 없다.

안전관리체계 4대 구성 요소

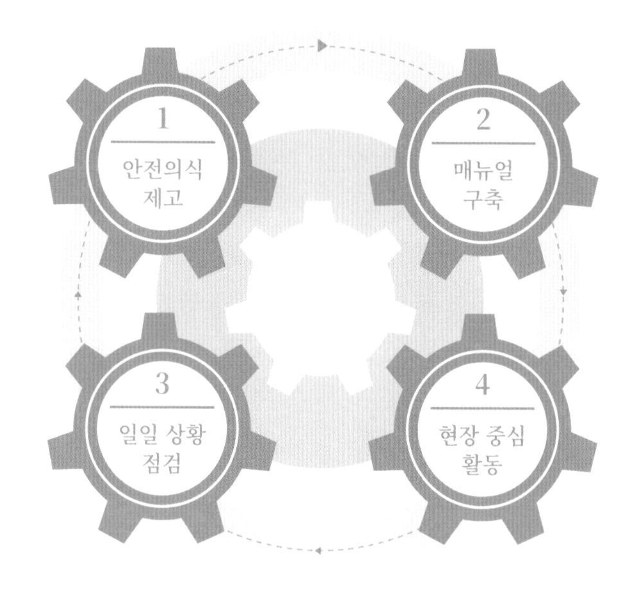

이제 본격적으로 재난안전관리 시스템에 대해 이야기해보자. 어떻게 하면, 어떻게 해야만 효율적인 성과를 이루어낼 수 있을까? 그것은 어쩌면 영원한 미제일지도 모른다. 정부 영역도 마찬가지다. 그래서 매번 대형 재난사건이 발생할 때마다 체계화되고 고도화된 시스템을 자주 거론하곤 한다. 그런데도 답을 찾기가 쉽지 않다, 실행이 제대로 이루어지지 않고 있다는 뜻이다. 과거를 돌아보자. 정부가 재난사건이 발생할 때마다 조직 개편, 인력 충원, 예산 증액 등을 외쳐 봤지만 큰 성과는 없었다. 매년 줄지 않는 참사가 여실히 증명하고 있다.

그래서 정부와 민간 영역에서의 경험을 토대로 어떻게 하면 재난안전관리가 소기의 성과를 달성할 수 있을까 고민해 봤다. 그것은 바로 흔히들 말하는 '주먹구구식', '그때그때' 상황에 맞는 관리, '임기응변식' 관리가 아닌 '시스템'으로 이루어져야 한다는 것이다. 그것도 그냥 시스템이 아니라 '체계화된 시스템' 말이다. 다만 시스템이라고 하여 고차원의 기술적, 과학적, 하드웨어적 개념을 의미하는 것이 아니라는 점을 강조하고 싶다. 인간의 의식과 육체적, 정신적 움직임으로 해결하는 것이 우선이다. 즉 안전에 대한 확고한 인식과 기동성, 순발력, 창의력, 판단력을 통해 24시간 365일 깨어 있으면 된다는 의미다.

사람의 정신적 의식 세계가 중심이 되어 이루어지는 '안전관리'는 4가지 축에 의해 진행되는 것이 효율적이라는 결론에 도달하게 되었다. 이는 필자가 업무 경험을 토대로 정립한 나름의 이론이다. 그것은 바로 ① 안전의식 제고 → ② 매뉴얼 구축 → ③ 일일 상황 점검 → ④ 현장 중심 활동이다.

필자는 이러한 절차와 과정으로 이루어지는 재난안전관리의 의미를 더하기 위해 '4중창의 하모니'로 명명하고 싶다. 4가지 축이 상기 도표에서 나타나듯이 톱니바퀴 돌아가듯이 끊임없는 상호작용을 통해 움직일 때 효율적인 재난관리가 이루어질 수 있다. 지금부터 4대 축의 의미와 역할에 대해 논해 보기로 하겠다.

첫째, 안전의식(安全意識)의 중요성이다. 통상 산업계에서 말하는 안전의식의 사전적 의미는 근로자가 잠재적으로 가지고 있는 안전에 대한 관심이 구체적 행동과 실천으로 나타나는 정도를 말한다. 즉 안전에 대해 지식과 정보로써가 아니라 실천하고 실행하는 정도에 따라 통상적으로 '안전의식이 강하다 또는 약하다'라고 이야기한다. 안전 확보에 대한 열의와 신념이 행동화될 때 비로소 안전의식이 있다고 한다.

안전의식이 부족하면 그것은 곧 안전불감증을 고착화시킨다는 의미다. 예를 들어보자. 고속도로나 시내 도로에서 운전할 때 가끔 옆에 지나가는 차량 운전자의 잘못된 행동, 아니 몰상식한 행동 중 이런 사례를 목격해 봤을 것이다. 창문을 열고 함부로 침을 뱉거나 담배꽁초를 버리는 행위 말이다. 그중에 담배꽁초의 경우, 바깥으로 버리는 자체도 잘못된 행동이지만, 꽁초에 붙은 불씨를 완전히 끄고 버린다면 그나마 안전의식은 있다고 말할 수 있다. 그런데 불씨도 제거하지 않고 그냥 버리는 사람이라면 안전의식이 약한 것이 아닌 안전의식이 '전혀 없다(zero)'고 이야기할 수 있다. 나아가 범죄자라는 비난까지 퍼부을 것이다.

안전의식은 개개인의 자발적 의지의 발로다. 재난재해사고 원인 중 인적 요인을 거론할 때 가장 핵심적 요인이 안전의식이다. 이 같은 안전의식은 후반부에서 거론하겠지만 평소에 교육과 훈련을 통해 형성되는 후천적, 습관적인 행동이다. 선천적으로 형성되는 측면도 있겠지만 대부분 후천적으로 의식 속에 내재화되는 것으로 보면 된다.

안전의식을 이야기할 때 반드시 동반되는 용어가 '안전불감증(安全不感症)'이다. 즉 안전의식 부재는 곧 안전불감증을 의미한다. 대형 재난 사건이 불거질 때마다 안전불감증 이야기가 나온다. 이는 근로자 또는 일반 시민들이 교육과 훈련을 통한 안전의식이 내재화되지 않았다는 의미와도 같다. 삼풍백화점 붕괴 당시 사전에 징후가 예고되었음에도 안전관리 직원의 안전의식 부족, 즉 안전불감증으로 인해 무수히 많은 인명이 큰 피해를 봐야 했다. 이천 물류창고 화재는 어떠했는가. 당시에도 용접공들이 주변에 인화성 물질이 산재해 있음에도 이를 방치하다가 대형 인명사고를 일으켰다. 모두 안전의식이 부족했기 때문이다.

실제로 필자가 학위 연구과정에서 겪은 재미있는 사례가 있어 이 자리에서 소개해 보겠다. 지금은 많이 개선되었지만(아니 100% 실천 중이라고 해도 되겠다), 강남고속터미널에서 모 지방으로 출발하는 고속버스를 탑승한 적이 있다. 그때 이동 중 승객들의 안전벨트 착용 여부를 조사하면서 들었던 미착용 승객들의 이유가 가지각색이었다. '귀찮아서', '물건 찾느라 잠시 풀었다', '착용한다고 했는데, 실수로 미착용된 모양이다', 심지어 '벨트를 매고 안 매고는 내 사정이다'라며 벌컥 화를 내는 승객도 있었다. 모두 안전불감증의 산물이다. 안전의식의 결여다.

잠시 다른 이야기를 해보자. 필자가 안전의식을 비롯하여 4가지 변수가 효율적인 재난관리 체계라고 언급했지만, 사실 여기도 '99:1 규칙'이 적용된다. 즉 4가지 변수 중 안전의식 제고에 99%의 비중을 두어야 한다는 의미다. 그만큼 재무적 비용이 적게 들어가는 안전의식만 철저히 무장한다면 재난사고를 막을 수 있다는 의미다. 그렇다면 안전의식 제고는 어떻게 이루어지는 것일까? 바로 철저하고도 체계적인 '교육'과 '훈련'이다. 그것도 한두 번의 교육과 훈련이 아니라 정기적으로, 수시로 해야 한다. 수많은 반복만이 의식 속에 내재화되어 위기 시 행동으로 이어질 수 있다. 인간의 본성 때문이다.

둘째, 매뉴얼(manual) 구축이다. 사실 안전관리뿐 아니라 모든 업무에는 크고 작든 매뉴얼이 있어야 하고, 매뉴얼에 따라 업무를 수행해 나가야 한다. 매뉴얼은 곧 업무 효율성 및 성과 제고와 직결된다. 매뉴얼은 다른 말로 '사용 설명서', '가이드'라고도 한다. 사전적 의미는 활동 기준이나 업무 수속들을 명확하게 기록한 문서이다. 또는 특정 제품 및 시스템을 사용하는 데 도움이 되는 서식 내지 기술 소통 문서를 말한다. 매뉴얼은 비전문가인 평범한 사람도 누구나 이해할 수 있는 보편적인 문서다. 직원들이 반드시 알아야 할 정보와 규범이다. 업무를 수행하는 데 있어 지침서, 교본, 법전, 바이블(bible)이다.

재난안전관리 교육과 훈련 현장

재난안전관리에 있어서 매뉴얼의 장점은 ① 재난안전관리 업무를 수행하는 데 있어 시간과 절차, 비용을 줄일 수 있다. ② 재난관리를 예방하고, 사고 발생 이후 대응 과정에서 정보를 공유함으로써 위기 시 공동 대응할 수 있는 지침서를 제공한다. ③ 재난사고를 피하거나 예방할 수 있는 등 위험의 잠재 요소를 감소시키고, 위험 발생 시 이를 최소화시킬 수 있다. ④ 안전관리 잠재력을 극대화시킨다. 재난 발생 시 매뉴얼대로 움직이면 관리 효율성과 성과를 높일 수 있다. ⑤ 특정 개인의 지식과 정보의 함정을 극복할 수 있다.

예를 들어 특정 회사에 재난안전관리 전문가가 소수에 그친다 하더라도 명확한 매뉴얼을 통해 모든 사람이 동시에 같은 방식, 같은 행동으로 일사분란하게 움직일 수가 있다. 즉 재난 관리 방법과 절차에 대한 확장성을 높여준다. 이 같은 장점 내지 유용성, 이점을 키워드로 정리하면 직원 교육, 시간 절약, 비용 절약, 절차 간소화, 확장성 향상, 책임 감소 등이다.

필자는 정부의 위기 및 재난안전관리 매뉴얼을 만들기 위해 청와대 지하 벙커에서 수없이 밤을 새운 적이 있다. 그 당시에는 힘들고 고통스러웠지만 지금은 재난안전관리의 희망의 불씨가 되고 있다는 점에서 무한한 보람을 느낀다. 그러한 경험을 바탕으로 기업에 와서도 매뉴얼 3종 세트를 만들어 운영하고 있다. 지난 1년간 운영해 본 결과 아직 미흡한 점도 있는 게 사실이지만, 그래도 나름의 훌륭한 지침서가 되고 있다는 점에서 크나큰 자긍심을 느낀다. 이번 기회에 매뉴얼 작성 작업에 참여한 직원들의 노고에도 격려를 아끼지 않겠다.

㈜아워홈의 재난안전관리 매뉴얼 3종

셋째, 재난안전은 24시간 365일 상시적으로 대비해야 하지만, 정신적 관리가 아닌 육체적 행동을 통한 체계적이고 효율적인 점검은 적어도 매일 이루어져야 한다. 그래서 필자는 '일일 상황 점검'이라는 이름으로 중요성을 강조하고 있다. 동시에 재난안전관리 체계의 4대 축의 하나로 정한 것이다. 즉 안전관리의 효율성과 생산성을 높이기 위한 가장 현실적인 방법이 일일 상황 점검이라고 해도 과언이 아니다.

재난 또는 안전사고는 정해진 시간, 장소, 형태, 규모가 있는 게 아니다. 그야말로 언제, 어디서, 어떻게, 무엇이, 왜 발생하는지 종잡을 수가 없다. 그래서 매일매일 점검이 필요하다. 실시간 또는 매일 사업 현장의 위해 요소를 점검하고, 점검 과정에서 나타난 문제점을 조기에 개선해야만 사고를 막을 수 있다. 소 잃고 외양간 고치지 않기 위해서라도 철저한 사전 점검이 필요하다는 뜻이다.

아울러 일일 상황 점검 활동에서 반드시 피해야 할 자세와 태도는 '형식성', '보여주기식' 행태다. 효율적이고, 생산적인 일일 상황 점검을 위해서는 '내가 종업원의 인권과 생명을 책임지겠다'는 확고부동한 정신적 무장이 되어 있어야 한다. 다시 말해서 완벽한 '주인의식'과 '애사심'이 바탕이 되어야 한다는 뜻이다. 그렇지 않고서는 앞에서 거론했다시피 형식적이거나 마지못해 하는 면피용에 불과하다.

'상황 점검(stocktaking)' 하면 떠오르는 단어가 실시간, 24시간 365일, 선제적, 신속성, 지속성, 연속성, 책임성, 점검표(체크 리스트) 등이다. 대부분이 즉시성과 신속성, 그리고 상시성과 체계성을 내포하고 있는 키워드다. 효율적인 재난안전관리 업무에 있어 상황 점검이 왜 필요하고, 당연시 되어야 하는지는 핵심 키워드를 통해 유추해 볼 수 있다. 이 같은 일일 상황 점검은 바로 이어지는 현장 중심 활동과 직결된다.

일일 상황 보고서 예시

대외비

일일상황보고

○ 작성일시 :
○ 작성부서 :

사업현장 특별점검

사업장	점검유형	점검자	점검내용	조치사항

중대 재해

구분	발생인원		발생내역	조치사항
	금일	누적		
1. 사망 사고	0	0		
2. 상해 사고	0	0		
3. 질병 사고	0	0		

마지막으로 '현장 중심 활동'이다. 흔히들 '현장에 답이 있다'라는 명제는 공적 영역, 민간 영역 할 것 없이 지휘관 또는 경영진이 직원들에게 일하는 태도와 방식을 거론할 때 자주 쓰는 말이다. 이 말을 두고 언젠가 인터넷상에서 이런 내용을 읽은 적이 있다. '현장에 답이 있다'를 비유하는 사자성어를 묻는 질문에 누군가가 실사구시(實事求是)와 격물치지(格物致知)로 답을 했다.

실사구시는 사실에 토대를 두어 진리를 탐구하는 일, 공리공론을 떠나 정확한 고증을 바탕으로 과학적, 객관적 학문 태도를 이르는 말이다. 격물치지는 사물의 이치를 구명하여 자기의 지식을 확고하게 한다는 뜻이다. 하지만 필자는 문장의 단어 순서를 바꾸어 '답은 현장에 있다'라는 명제를 만들고자 한다. '현장'이란 단어를 강조하고 싶어서다. 또한 '답은 현장에 있다'라는 명제는 재난안전관리 업무를 두고 한 말이라고 해도 과언이 아니라고 주장하고 싶다. 그만큼 재난안전관리 업무는 명백하게 현장을 중심으로 이루어져야 한다는 뜻이다.

만약 재난 관련 사건·사고가 발생하면 대응과 복구는 당연히 현장에서 이루어진다. 동시에 재난안전관리를 위한 예방, 대비 활동도 생산 현장 또는 사업 현장, 기타 근무 현장에서 직접 육안을 통해 이루어지는 것이다. 사안에 따라서는 IT 기술 발달로 현장이 아닌 곳에서도 관리가 이루어지기도 하지만, 위해 요인 적출 및 개선책은 결국 현장에서 이루어져야 한다는 의미다.

재난안전관리 업무에서 '현장 중심 활동'이란 의사결정권을 가진 안전관리 책임자 또는 실무자가 선행적으로 직접 현장을 방문한 뒤 업무 수행 진척도나 중요한 과제 해결을 위해 '3현주의(현장에서, 현물을 보고, 현상을 파악하여)'에 따른 의사 결정을 하고 빠르게 처리하는 활동 전반을 일컫는다. 이는 재난안전관리 혁신 활동에 있어 계층 간 의사소통을 원활하게 하는 효과적인 방법이기도 하다. 이 방법을 통해 조직의 방침이 하부 직으로 자연스럽게 전파되며 궁극적으로는 현장 체질을 강화하는 효과를 거둘 수 있다.

재난 관련 사건·사고에 대한 현장 중심 활동 모습

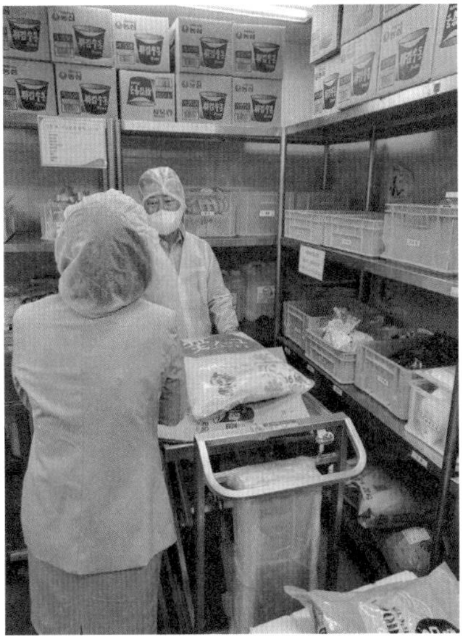

재난안전관리자의 3대 핵심 역량

순발력, 창의력, 판단력

효율적인 재난안전관리 업무가 정착되기 위해서는 현장 실무 담당 직원들의 역할이 가장 중요하다

재난안전관리의 핵심 역량을 설명하기 위해 '세월호 사고'를 먼저 이야기해 본다. 학생들(세월호 탑승자) 구조 과정 및 선장의 역할에 대해서 말이다. 당국의 조사와 언론 매체 등을 통해 이런 이야기가 전해진 적이 있다. '선체 침몰 순간 학생들을 전원 밖으로 대피시켰다면, 모두 구조되었을 것이다. 하지만 선장은 선실에서 대기하라는 방송멘트만 했다는 것이다. 물론 그것은 매뉴얼에 따른 것이었다고 한다.'

이 대목에서 우리가 진지하게 고민하고 생각해야 할 부분은 무엇일까? 설령 매뉴얼이 있다 하더라도 당시 사고 내용 및 상황, 즉 현장 분위기를 파악하여 선장이 자율적으로 적절히 대응했더라면 하는 진한 후회와 아쉬움이 뒤따른다. 이는 사고의 경직성, 조직의 위계성 때문이다. 사전 규칙이 아니라 순간적 판단과 기지로 현장을 지휘했더라면 하는 이유다. 이것은 자율성과 함께 재난안전관리 담당자의 '순발력', '창의력', '판단력'의 문제다. 안전 관리 현장의 오랜 경험을 바탕으로 필자는 상기 3가지 요인을 재난안전관리 담당자가 자질로서 갖춰야 할 '3대 핵심 역량'으로 규정한다.

순발력(瞬發力)의 사전적 의미는 순간적으로 판단하여 말하거나 행동하는 능력이다. 창의력(創意力)의 사전적 의미는 새로운 생각을 해내는 힘이다. 다시 말해 주어진 문제 상황에 대해 다양하면서

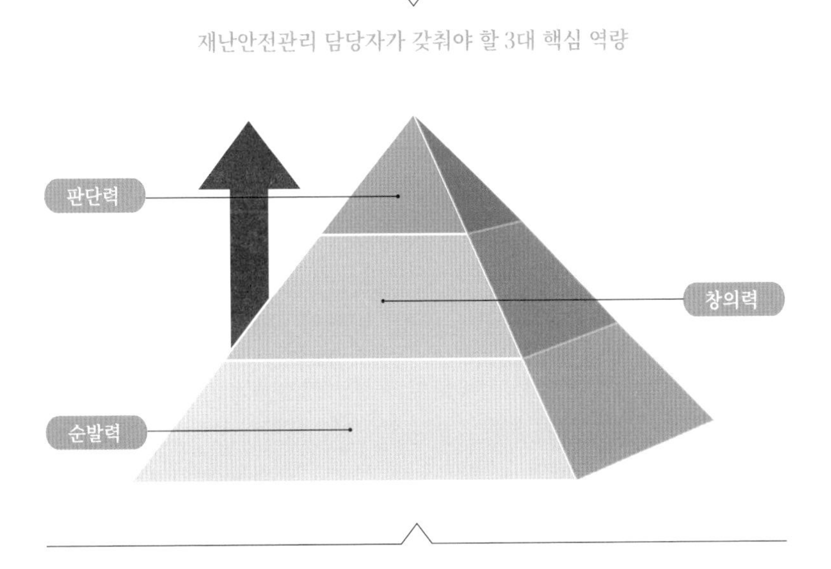

새롭고 적절하고 가치 있는 것을 창출하는 능력이다. 판단력(判斷力)의 사전적 의미는 사물을 올바르게 인식·평가하는 사고의 능력이다. 즉 의사 결정 과정에 있어서 어떠한 일에 대해 증거에 근거하여 평가하는 것을 말한다. 재난안전관리 영역에서의 3가지 역량은 재난안전관리 4단계(예방—대비—대응—복구)의 모든 분야에 적용된다. 그럼에도 어쩌면 사건·사고가 벌어진 직후인 '대응 단계'에서 가장 큰 위력을 발휘하는 것인지도 모른다. 이미 세월호 사건에서 제시한 바 있다.

순발력, 창의력, 판단력이 적용되는 또 다른 사례를 들어 보자. 언제 어디선가 외부 강의를 들은 적이 있다. 그때 강사가 미국 모 기업의 우수 인력 채용 과정을 소개한 적이 있다. 요지는 이러했다. 입사를 위한 임원 면접에서 면접관과 지원자들은 다음과 같은 질의응답을 주고받았다. 독자 여러분도 면접관과 응시자 입장에서 함께 풀어보자. 최종 합격자는 단 1명이다. 응시자는 4명이었다. 당신이라면 누구를 선택하겠는가?

면접관의 질문 요지는 이러했다. "첩첩산중 한 시골 마을에 비바람이 몰아치는 폭우가 쏟아지는 장면을 그려 보라. 버스 정류장에는 ① 연로한 할머니와 ② 자신의 생명을 구해준 친구, 그리고 ③ 낯설지만 아름다운 젊은 여인까지 3명이 있다. 이들은 체념한 상태에서 마지막 희망의 불씨를 살리려고 교통 두절로 오지도 않는 버스를 막연히 기다리고 있었다. 실제로 버스는 기상 악화로 더 이상 운행되지 않았다. 이때 마침 귀하가 대설과 폭우에도 거뜬히 달릴 수 있는 고급 SUV 차량을 몰고 그 장소를 지나간다고 생각해 보자. 귀하가 3명

중 단 1명만 동행할 수 있다는 조건이라면 그중에 누구를 선택하겠느냐?"는 내용이었다.

이에 각각 응시자들의 답변이 이어졌다. A씨는 "집에 계신 우리 어머님을 생각하면 당연히 연로하신 할머니를 먼저 구하겠다"고 했다. 이어 B씨는 "나의 생명을 구해준 사람이니 당연히 친구를 먼저 구하겠다"고 힘주어 말했다. 또 C씨는 "아니다. 나는 총각이기 때문에 아름다운 여자를 구해서 결혼하겠다"라는 답변이 돌아왔다. 3가지 선택형 문제였기 때문에 면접관은 3명의 답변으로 면접을 마치려 했다. 동시에 각자의 선택 이유가 독창성, 다양성 측면에서 나름의 일리가 있었으므로 누구를 뽑아야 할지 고민이었다.

"오늘 답변 내용을 토대로 인사 담당자와 최종 협의 후 이틀 후에 합격자를 통보하겠다"고 한 후 일어서려는 순간, 한쪽 구석에서 한동안 대답을 하지 않고 고개를 숙이고 있던 D씨가 대답했다. "나 같으면 목숨을 구해준 친구에게 자동차 키를 주면서 할머니를 태우고 가라고 할 것이다. 그런 다음 나는 아름다운 여인에게 재킷으로 몸을 따뜻하게 감싸주면서 데이트를 즐기며 걸어서 가겠다. 그러면 모두를 구할 수 있을 것이다"라고 대답했다. 이때 면접관은 무릎을 치면서 "바로 그거다!"라며 소리쳤다. D씨가 채용된 것은 당연했다. 이는 결국 순발력, 창의력, 판단력을 채용 기준으로 삼은 좋은 사례다.

화제를 바꾸어 국내 기업의 재난안전관리자가 순발력·창의력·판단력을 바탕으로 사망 등 인적·재산적 피해를 막은 사례를 이야기해 보겠다. 첫 번째 사례로 E사업장의 소위 '식칼 아저씨의 감전사 방

재난 관련 사건·사고에 대한 현장 중심 활동

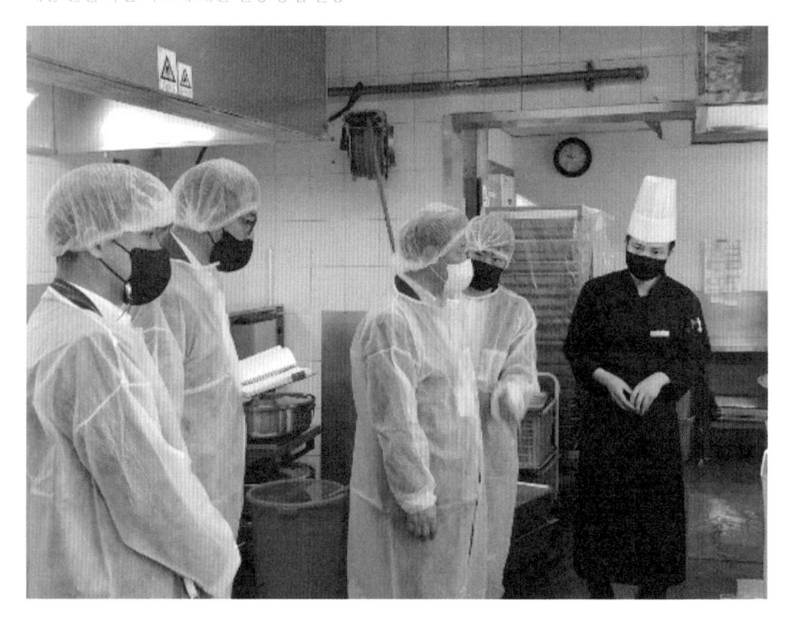

지' 성과다. 식품 육가공 공장에서 접지·누전 차단기가 정상 작동하지 않아 문제가 발생했다. 40대 중반 여성 근로자가 물기로 흠뻑 젖은 바닥에 놓여 있는 전선을 손으로 집고 치우려다 감전사할 위기에 처한 사고였다(사고 개요). 바닥에서 전선을 잡고 미동도 없이 바들바들 떨고 있는 모습을 목격한 동료 직원이 구원을 요청했다. 현장에 모인 사람 중 누군가가 '차단기! 차단기!'라며 소리쳤다. 전류 흐름을 차단하기 위해 먼저 차단기를 내릴 것을 종용했으나, 당황한 나머지 그 누구도 차단기를 찾지 못한 채 시간이 지연되고 있었다(사고 전후 현장 분위기).

이때 40대 중반 남자 직원이 기지를 발휘하여 육가공 전처리용 식칼로 바닥의 전선을 사정없이 내리쳐 전기선을 잘랐다. 곧바로 전기 흐름을 차단한 것이다(순발력, 창의력, 판단력). 남자 직원의 순간 기지와 재치 있는 행동으로 감전사 직전의 여성 근로자는 목숨을 구했다. 그뿐인가. 사건 이후 회사 전체적으로 감전 방지를 위한 안전 점검 시행 및 접지 공사, 노후 전기 시설에 대한 개선 조치 및 안전 교육이 확대되었다(성과).

두 번째, 각종 아이디어 등의 제안을 통해 사고 방지와 효율적인 업무를 수행한 사례다. 식중독에 가장 민감한 유통기한 관리 문제는 식품업계의 현안 중에 현안이다. 행정 처분 대상인 유통기한 경과는 영업점에서 부적합 사례로 가장 많이 발생하는 사안이기도 하다. 게다가 대부분의 영업점에는 연령대가 높은 직원들이 근무하고 있어 육안으로 숫자를 구분하는 일이 쉽지 않은 게 현실이다(실태 및 문제점). 이에 F사의 위생 안전 관리자는 단순히 재고 조사표, 임박 식재 리스트를 작성하던 방식에서 탈피하여 유통기한을 '신호등 색깔인 빨강, 노랑, 초록'으로 표시하는 임박 식재 관리 방법을 채택하였다(순발력, 창의력, 판단력). 이에 영업점 근무 직원들이 유통기한 숫자를 찾아서 읽는 것보다 색깔로 바로바로 확인할 수 있어 문제 발생 소지를 원천 차단할 수 있었다(성과).

세 번째 사례는 산업 현장에서 빈번히 발생하는 '추락사 방지 건'이다. 식품 회사에는 통상 높이 2m 이상 되는 배합 탱크가 산재해 있다. 매일매일 또는 매시간 탱크 내 원료 혼합 상태와 잔류량을 확인하고 있는 G회사 직원은 탱크 옆에 설치된 좁은 발판을 밟고 올라가 내부를 확인하고 있었다(현장 분위기). 어느 날 같은 작업을 하다가 비좁은 발판에서 미끄러져 추락하는 사고가 발생했다. 다행히도 사망에 이르지는 않았다(사고 개요).

문제는 공간이 좁아 발판을 넓히기도 어렵고, 탱크 외부에 발판을 고정하기 위한 외부 공사는 시간과 비용이 발생하기에 그 또한 실행하기가 쉽지 않았다(문제점). 이때 매일 탱크 관리 직원의 신체적 피해를 걱정하던 안전 관리 직원의 머리에 번뜩 스쳐 가는 아이디어가 있었다. 다름 아닌 매번 탱크에 올라가지 않고도 육안으로 탱크 내부를 확인할 수 있는 반사경을 설치할 것을 제안한 것이다(순발력, 창의력, 판단력). 대형 반사경이 설치된 이후에는 추락 사건이 없어진 데다, 작업 시간도 절약되는 등 업무 효율성을 극대화할 수 있었다(성과).

네 번째, 식품 제조 공장에서 기기 오작동 예방을 위한 TBM(Tool

Box Meeting)의 효과성에 대한 이야기다. H식품 공장에서 혼합기 오작동 예방, 즉 물 튐 방지를 위해 제어반에 비닐을 씌우는 작업이 있었다. 그때 I근로자는 제어반 스위치 비닐 포장 작업을, J근로자는 혼합기 내부 찌꺼기 제거 작업을 동시에 진행했다. 이때 J직원의 혼합기 내부 찌꺼기 제거 작업 중 I직원이 조작 버튼을 실수로 작동하여 J직원이 혼합기 날개에 끼이는 사건이 발생했다(사건 개요).

하지만 J직원은 제어반에서의 비닐 포장 작업이 단순한 업무라 생각했고, I직원 역시 단순 작업자로 혼합기 버튼 기능을 모른 채 비닐을 씌우기만 했을 뿐 어떤 버튼도 조작하지 않았다고 주장했다. 한마디로 교육과 훈련이 제대로 이뤄지지 않은 셈이었다(문제점). 그 사건 이후 작업 매뉴얼이 작성되고, 실제로 찌꺼기 제거 작업도 매뉴얼에 따라 진행되었으며, 관리 직원들에게는 사전 교육과 훈련을 철저하게 진행하여 추가 피해를 막을 수 있었다(성과).

다섯 번째, 국제 행사에서 순발력을 발휘해 정전 사고를 모범적으로 해결한 사례다. ○○○○년 ○○월 ○○일 오전 8시 10분, 행사 건물 전 라인의 정전 사고로 냉장고, 냉동고, 에어컨, 배식 라인까지 전력 공급이 모두 중단되었다. 소위 셧다운 사고였다(사고 개요). 건물 안전 관리자와 시설 담당자가 냉장고, 냉동고 등의 현재 온도를 확인하는 동시에 정전 후 경과 시간 체크 등 발 빠른 대응으로 정전 16분 후인 8시 26분에 전력 공급을 재개할 수 있었다. 그러나 배식 라인 일부와 즉석 코너인 온장고, 냉장고에 공급이 재개되지 않는 2차 비상 상황이 발생하고 말았다. 배식 라인은 총 4개로 뷔페식 음식이 이미 1시간 전부터 홀에 배치된 상황이었다. 9시부터 고객에게 식사 제공이 반드시 필요한 긴박한 상황인 데다, 특히 여름이라 내부 온도 상승으로 식중독 위험성이 증가했다(문제점).

이 같은 위기 상황에서 식중독 사고를 예방하기 위한 다각적인 조치가 순차적으로 빠르게 진행됐다. ① 식재 변질 차단을 위해 냉장고 식재를 다른 곳으로 이동 조치, ② 8시 40분에 2개 라인을 폐쇄하고, 나머지 2개 라인에 순차적 배식, ③ 폐쇄한 라인의 음식은 비용 대비 식중독 위험이 커 모두 폐기 처분하고 20분 내에 새로운 음식으로 교체, ④ 9시 20분에 폐쇄된 2개 라인에 전력 공급이 재개되어 정전 54분 만에 전 배식 라인이 정상 가동되었다(순발력, 판단력). 사고 원인 분석 결과, 계절적인 요인과 건물 노후화에 따른 정전 사고와 함께 비상 발전기 사전 점검 부실로 비상 전력이 가동하지 않았음이 밝혀졌다. 이를 계기로 정전 시 비상 대응 시나리오 구축으로 시뮬레이션을 통한 체계적인 시스템을 구축하고 비상 발전기도 매일 점검하는 등 완벽한 대비책을 갖추었다(성과).

여섯 번째, 순발력 있는 행동으로 비상 대응 매뉴얼을 작동하여 전력 폭발 사건을 조기에 수습한 사례다. 여의도 소재 한 고층 빌딩 지하 수변전실에서 하절기 냉동기 가동을 위한 전력 공급 설비 장치에서 원인 미상의 폭발 사건이 발생했다(사건 개요). 내부적으로 많은 동요가 있는 가운데서도 시설 관리 직원은 비상 대응 매뉴얼 절차에 따라 한전 측에 전력 공급 유무를 확인한 후, 협력 업체에 재빠르게 자재 수급을 요청했다(사고 전후 현장 분위기). 냉동기, 빙축열 시스템 등 부하 기기의 미가동으로 부하 측 전원이 개방되어 있었으며, 한전 측의 빠른 전력 공급에는 이상이 없는 점을 근거로 시공사에 빠른 자재 수급을 요청하여 사고 후 13시간 이내 MOF(Metering Out Fit, 전력 수급용 계기용 변성기)가 교체되었으며, 사고 발생 15시간 만에 전력 공급 및 냉동기의 시운전이 완료되었다(순발력, 창의력, 판단력). 이에 추가 피해 없이 대형 사고의 확산을 막았을 뿐만 아니라 전력 공급 설비의 정상 운영이 가능했다(성과).

이상 여러 분야에서 안전 관리 담당 직원들이 순발력, 창의력, 판단력을 근거로 효율적인 성과를 낸 사례를 제시해 보았다. 이를 통해 얻을 수 있는 교훈과 시사점은 ① 효율적인 재난안전관리 업무가 정착되기 위해서는 현장 실무 담당 직원들의 역할이 가장 중요하며, ② 그 실무자들의 순발력, 창의력, 판단력이 뛰어날 때 빛을 발휘한다는 점이다. 이는 재난안전관리는 제도, 예산, 조직도 중요하지만, 그에 앞서 직원들의 능력, 책임감, 사명감, 주인 의식, 애사심 등을 중심으로 이루어지는 정신적, 의식적 핵심 역량이 가장 중요하다는 점이다.

재난안전관리 업무에 있어 3대 핵심 역량이 중요하다는 점을 알았으면, 그다음은 실제로 핵심 역량을 발휘할 수 있는 우수한 인재를 확보해야 한다. 우수 인재 확보는 1차적으로는 채용 과정에서부터 진행되어야 하지만, 그보다 중요한 것은 현재 관련 직무를 맡고 있는 직원들에 대해 반복적인 교육과 실습, 훈련을 통해 스스로 역량을 높여 나가야 한다는 점이다.

'99:1 규칙'이란?

재난안전관리의 4단계,
예방 → 대비 → 대응 → 복구

사전 대응(예방—대비)이
사후 대응(대응—복구)보다
중요하며, 우선시하여야 한다

:

2023년 1월 5일 자로 개정 시행되는 '재난 및 안전관리 기본법(이하 재난안전법)'은 우리나라 모든 재난안전관리 체계의 기본 틀이다. 사람으로 말하자면 신경계에 해당한다. 다시 말해 재난안전법은 국민의 생명과 국가 재산을 지키는 파수꾼 역할을 하는 매우 중요한 지침이자 교본으로 보면 된다. 사람의 신경계 어느 한 곳이 고장 나면 생명체로서의 제구실을 못 하는 것처럼 사회의 재난안전법 운영에 문제가 생기면 멀게는 성수대교 붕괴, 근래는 이태원 참사와 같은 대형 재난 사고의 원인이 된다.

2004년에 제정된 재난안전법은 현재 많은 개정을 통해 오늘에 이르렀지만, 필자도 공직 생활을 하는 동안 간접적으로나마 관여한 적이 있다. 그만큼 남다른 의미로 다가오는 게 사실이다. 재난안전법의 기본 이념은 '재난을 예방하고, 재난이 발생한 경우 그 피해를 최소화하는 것이 국가 및 지방자치단체의 기본적 의무임을 확인하고, 모든 국민과 국가·지방자치단체가 국민의 생명 및 신체의 안전과 재산보호에 관련된 행위를 할 때에는 안전을 우선적으로 고려함으로써 국민이 재난으로부터 안전한 사회에서 생활할 수 있도록 함이다'라고 명시되어 있다. 재난은 국가만의 노력으로 막을 수가 없다. 지방자치단체와 기업, 국민 등 민·관 모두가 힘을 합하여 피해를 최소로 줄이려는 노력을 해야 하는 게 당연하다.

필자가 재난안전법에 대해 장황하게 설명하는 이유는 간단하다. 정부의 재난안전관리 기본 틀인 동법이 민간 영역에서도 궁극적으로는 똑같이 적용되고 있기 때문이다. 다시 말해 내용은 약간 다를 수 있어도 적용 방향성은 같다는 의미다. 이는 중대재해법이 시행되고 나서는 더욱더 중요한 의미로 다가오고 있다.

색다른 이야기지만 필자는 기업의 안전경영 총괄 업무를 맡으면서 재난안전법에 준하는 기본 지침과 매뉴얼을 만들었다. 아마도 재계에서는 최초라 할 정도로 자랑거리다. 다만 필자가 재난안전법을 들고 나온 이유는 관련 법 중에서도 재난안전관리의 '단계별 역할과 의미'를 논해 보기 위해서다. 민간 영역에서도 실무적 업무를 수행하는 데 있어 가장 현실적이면서 중요한 지침이 단계별 재난안전관리이기 때문이다.

재난안전관리 4단계란 '예방 → 대비 → 대응 → 복구'다. 민간 영역에서도 이 같은 4단계 절차가 완벽하게 운영된다면 재난안전관리에는 큰 문제가 없을 것이다. 따라서 이번 장의 후반부에서 단계별 내용을 개략적으로 짚어 보도록 하겠다. 그러나 우선 이야기하고 싶은 것은 4단계 중 사전 대응, 즉 예방과 대비가 재난안전관리에 있어 중추적인 역할을 한다는 점이다. 그래서 필자가 민·관 영역에서 체득한 경험을 토대로 나름의 규칙을 만든 것이 있다. 바로 '99:1 규칙'이다.

'99:1 규칙'이란 사전 대응(예방—대비)이 사후 대응(대응—복구)보다 중요하며, 우선시하여야 된다는 의미다. 그뿐만 아니라 효율적인 재난안전관리를 위해서는 사전 대응이 전부라 해도 과언이 아니라는 점을 강조하고 싶은 것이다. 평소 재난 관리 업무를 수행할 때 관리 운영 3대 축이라 할 수 있는 인력—예산—조직을 사전 예방에 99% 투입하거나 비중을 두고, 사후 대응에는 1%만 투입하거나 또는 비중을 두면 된다는 뜻이다.

무슨 소리인지 이해가 부족한 사람도 있을 것이다. 하지만 현장에서 재난 관리 업무를 제대로 수행해 본 사람들은 가슴에 와 닿을 것이다. 즉 '소 잃고 외양간 고친다'라는 속담을 생각하라는 뜻이다. '소 잃는 것'이 곧 사전 대응 영역이요, '외양간 고치는 것'이 사후 대응 영역이다. 좌우간 사고가 발생하지 말아야지, 사고가 벌어지면 의미가 없다는 것이다. 즉, 재난안전관리는 0점이라는 것이다. '사후약방문', '버스 지나간 뒤 손 들지 말라'는 뜻이다. 그런데 인간의 본성 탓일까. 알면서도 이를 실행하지 못하는 습성이 머릿속 깊이 내재

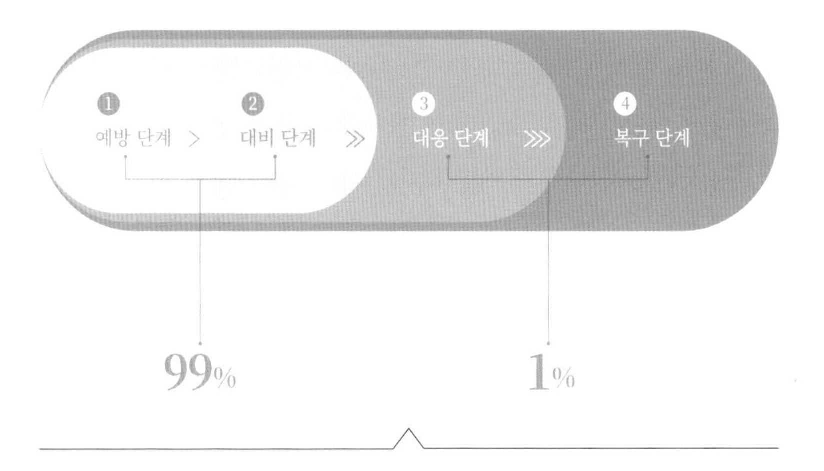

되어 있다. 해결책은 철저한 교육과 훈련을 통해 강력한 '소명 의식'을 갖추는 길 외에는 달리 방도가 없다.

사실 근래의 이태원 참사 등에서 보듯이 정부, 민간, 재난 관리 업무 주관자, 이를 바라보는 국민 모두가 재난 사고가 발생하면 온통 대응과 복구 등 수습에 모든 총력을 쏟아붓는다. 하지만 본질에 집중하고 있지 않은 모습도 보인다. 조속히 문제를 해결하고 사고를 수습하려 노력하기보다는 정치적 분란만 일으키고 있는 것이다. 쉽게 이야기하자면 철저하고도 완벽한 사전 예방·대비가 우선하여야 하는데, 그것을 제대로 하지 못할 뿐만 아니라 뒷수습까지도 엉망인 셈이다.

이 같은 기본적이고도 기초적인 문제를 망각하다 보니 계속적으로 사건·사고가 벌어지는 것이다. 왜 그럴까. 간단하다. 효율적인 재난안전관리가 되려면 재난안전관리 업무 주관자의 엄중한 '책무성'과 '책임성', 그리고 확고한 '안전의식'을 토대로 사전 예방·대비에 만전을 기해야 한다. 또한 안전 관리 대상자인 일반 시민과 종사자들은 평소 잘못된 관행인 '안전불감증'만 해소하면 된다.

지금까지는 재난안전관리 현장에서 체득한 경험을 토대로 필자 스스로 정한 '99:1 규칙'에 대한 이론적인 배경을 설명했다. 이제부터는 재난안전관리 4단계가 어떻게 이루어지는지에 대해 간략하게나마 이야기하고자 한다. 정부의 단계별 재난안전관리 내용을 원용하여 제시하기로 한다.

첫째, '예방 단계'다. 향후에 발생할 가능성이 있는 재난을 사전에 예방하기 위한 활동이다. 여기에서는 재난에 대응할 조직의 구성 및 정비, 재난 예측 및 예측 정보 등의 제공에 관한 체계 구축, 재난 발생에 대비한 교육·훈련, 재난 관리 예방에 관한 홍보, 재난이 발생할 위험이 높은 분야에 대한 안전 관리 체계 구축, 안전 관리 규정 제정, 특정 대상 관리 시설에 대한 조치, 재난 방지 시설의 점검·관리, 재난 관리 자원의 비축과 정비·시설 및 인력의 지정 등이 이루어진다.

예방 단계에서 명심할 점은 예방 활동은 사건이 발생하지 않은 상태라 하여 소극적으로 대처하는 게 아니라 세심한 준비와 계획을 통해 재난 자체의 발생을 억제하는 활동이다. 기업 재난안전관리의 경우, 예방 단계에서의 핵심은 바로 교육과 훈련, 그리고 재난 방지 시설의 점검 및 관리다.

둘째, '대비 단계'다. 재난안전관리를 해본 사람들은 "대비 단계가 예방 단계와 다를 게 뭐가 있느냐?" 심지어 "말장난, 용어 장난 아니냐!"라며 격하게 따지기도 한다. 실제로 재난이 진행되는 과정을 제대로 이해하지 못하는 사람은 당연히 구별하기 어렵다. 사실은 정부에서도 그러했다. 재난안전법이 제정될 당시에는 구체적인 대비 단계가 없었다. 즉 예방과 대비가 구별 없이 혼용되어 운영되었다. 예방 단계에서 통합 관리했다. 그 이후 새롭게 세분화되면서 단계가 나누어졌다. 그래서 재난안전관리 전문가조차 재난안전관리를 4단계로 구별하지 않고, 사전 단계(사전 대응), 사후 단계(사후 대응)의 2단계로 구별하는 이도 있다.

예방 단계와 대비 단계를 독자 여러분이 조금 이해하기 쉽게 풀어서 논해 보겠다. 예방 단계는 재난 징후가 전혀 없는 평온한 상태를 일컫는다. 그 반면 대비 단계는 재난은 아니지만 미세하나마 어떤 징후가 나타난다든지 또는 특정 사람들로부터 위험성에 대한 경고음이 들려올 때를 말한다. 즉, 재난 발생 확률이 높아진 경우 재해 발생 후에 효과적으로 대응할 수 있도록 사전에 대응 활동을 위한 체계를 구성하는 등 운영적인 장치와 기구 등을 갖추는 단계를 말한다. 따라서 대비 단계에서는 재난안전관리 자원의 비축 및 관리, 재난 현장 긴급 통신 수단의 마련, 재난 관리 기준의 제정·운영, 기능별 재난 대응 활동 계획서의 작성·활용, 재난 분야 위기 관리 매뉴얼 작성·운용, 안전 기준의 등록 및 심의, 재난 안전 통신망의 구축·운영, 재난 대비 훈련 기본 계획 수립, 재난 대비 훈련 실시 등이 이루어진다.

셋째는 '대응 단계'다. 대응 단계와 복구 단계를 함께 사후 단계라고도 한다. 대응 단계는 순발력과 창의력, 판단력을 바탕으로 신속한 활동을 통해 재난으로 인한 인명과 재산 피해를 최소화하고, 재난 확산을 방지하며 원활하고 순조롭게 복구가 이루어지도록 도와주는 단계다. 즉 대응 단계에서 가장 중요한 것은 인명 구조와 재난 확산의 방지다. 사고가 발생함과 동시에 진행되는 대응 단계에서는 재난 사태 고지, 응급조치, 위기 경보 발령, 재난 예보·경보 체계 구축·운영, 동원 명령, 대피 명령, 위험 구역 설정, 강제 대피 조치, 통행 제한 등이 이루어진다. 대응 단계에서 가장 중요한 점은 종업원과 시민의 생명 구출을 최우선으로 해야 한다는 점이다. 동시에 2차 사고, 연쇄 사고나 피해 확산 방지에 주력해야 한다.

넷째, '복구 단계'다. 마지막 단계인 복구 단계는 그야말로 수습 절차에 접어드는 단계다. 재난 발생 이전의 상태로 회복시키기 위한 일련의 행위와 조치를 말한다. 즉 복구 조치는 긴급 인명 구조가 이루어지고, 재난으로 인한 혼란이 진전된 이후 행해지는 사후 조치다. 재난 피해 신고 및 조치, 재난 복구 계획의 수립 및 시행, 재난 복구 계획에 따른 사업의 관리, 재난 특별 지역 선포, 재정 보상, 사고 재발 방지책 강구 등이 이루어지는 마지막 단계다.

재난안전관리 교육과 훈련 모습

'실행의 힘'에 중독되다

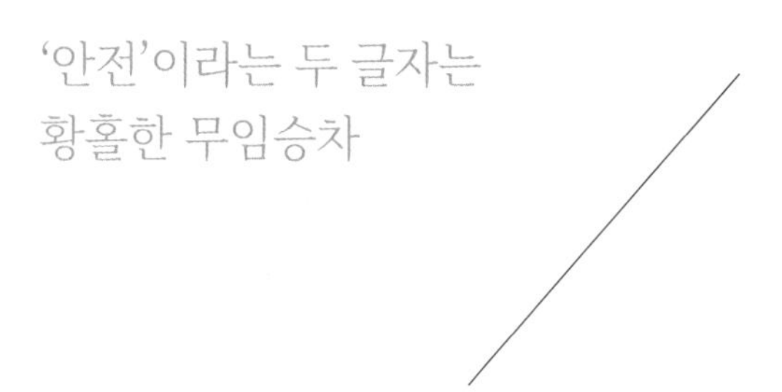

'안전'이라는 두 글자는 황홀한 무임승차

생각은 행동이 따라야만
완성되는 것이다

재난안전관리 문제를 이야기하면서 '실행의 힘'이라는 키워드를 들고 나온 이유는 간단하다. 아무리 좋은 계획과 목표가 설정되었다 하더라도 실행과 실천이 이뤄지지 않으면 무용지물이기 때문이다. 어쩌면 누구나 쉽게 이야기할 수 있는 평범한 명제일지 모르지만, 모든 업무에 적용되고, 반드시 적용되어야 하는 불변의 가치다.

'실행의 힘'을 본격적으로 설명하기에 앞서 필자의 경험담을 먼저 이야기해 본다. 언제부터인가 언론은 다양한 이야깃거리로 '100세 시대'를 맞이하여 은퇴 이후 특정인들의 삶을 진단하는 내용을 보도

하기 시작했다. 이를 계기로 필자도 30여 년간 앞만 보고 달려온 공직 생활을 되돌아본 적이 있다. 동시에 제2의 인생 항로를 심도 있게 고민해 본 적도 있다. 고민 끝에 얻은 결론은 이렇다. 지금까지 재난안전관리 현장 등을 통해 수많은 사건·사고를 지켜보면서 느낀 점이 있지 않은가. 비록 미력하지만 어떻게 하면 각종 재난으로부터 국민의 인권과 생명을 지켜줄 수 있느냐에 대한 문제 말이다. 그러한 생각이 공직 생활을 마친 시점에서는 조그마한 소망에 불과할지 모르지만, 한편으로는 안전 관리 업무를 수행해 온 공직자로서 영원한 책무이자 바람직한 자세일지 모른다.

이러한 생각을 바탕으로 필자는 현역에서 은퇴한 공무원, 법조계, 언론계, 금융계, 학계, 재계 등 각계 출신 인사들로 구성된 비영리 단체(협회)를 운영하기로 마음먹었다. 그 협회의 성격은 협회에 참여한 은퇴자들이 각자 삶의 노하우를 토대로 민관(民官) 모두에게 필요한 안전 관련 업무를 지원하는 일이다. 그런 명분을 토대로 중소벤처기업부로부터 '한국골든액티브시니어협회'를 허가받았다. 해당 협회에서는 어린이 교통 안전 지킴이 등 작은 것에서부터 궁극적으로 공인 자격증을 기저로 하는 '재난안전관리사' 양성 같은 더욱 큰 틀에서 가치 있는 일을 창출하고 싶었다. 이는 소위 기업의 중대재해법이 시행되기 이전 일이다. 자랑 같지만 미래를 내다보는 비전과 통찰력으로 이해해도 될 사안이다.

어쨌든 협회를 설립하고 나서 맨 먼저 시작한 것이 협회의 정신적 토양이 될 사훈을 만드는 것이었다. 그것은 바로 '생각은 행동이 따라야만 완성되는 것이다'라는 실행과 실천력을 강조한 문장이다. 이

한국골든액티브시니어협회의 사훈

처럼 '실행'의 가치는 필자의 일상에서 반드시 우선적으로 고려되는 삶의 지혜이자 철학이라고 해도 과언이 아니다.

다음 이야기로 넘어가 보자. 특정인의 삶과 인생관에서 묻어나오는 실행의 힘 이야기다.

'카톡!' 하는 소리가 일요일 아침잠을 깨우던 어느 날이었다. 집필을 마무리하느라 토요일 밤을 지새고 일요일 늦잠을 자고 있었다. 1월 말, 마지막 주말이었다. 필자가 참여하는 여러 단톡방 중 메시지가 비교적 많은 단톡방에서 알림이 울렸다. 대부분의 단톡방이 비슷하겠지만 정치와 종교 이야기는 빼고, 인생에 도움이 되는 따뜻한 글들은 가끔 공유한다. 아래 글은 61세에 뇌졸중 판정을 받고, 의사로부터 1년 시한부 선고를 받았음에도 아랑곳하지 않고 새로운 인생을 살았던 박상설 님(건설교통부 공무원, 건설회사 중역)의 이야기다.

"내 삶을 한마디로 요약하면 도전의 삶이다. 그 주적은 나다." (중략)
"㉠ 아무리 훌륭한 생각이라도 아주 작은 실천보다 못하다." (중략)
"㉡ 사회가 만들어 놓은 틀에 매이지 말고 자신의 길을 묵묵히 가라." (중략)
"㉢ 단 한 번만이라도 해보라. 행운은 도전하는 자에게 걸려든다."

관련 사연은 박상설 님이 88세가 되던 해인 2015년 11월 4일 방송 프로그램 〈사람과 사람들〉에서 방영되었다고 한다. 《잘 산다는 것에 대하여》 제하의 회고록도 있는 모양이다. 하지만 박상설 님이 누구이고, 어느 방송에 출연했고, 어떤 회고록을 집필했는지가 중요한 게 아니다. 필자가 집필을 어느 정도 마무리한 상태에서 굳이 박상설 님의 이야기를 들고 나온 이유는 여기에 있다. 박상설 님의 인생관과 삶의 철학 때문이다. 필자가 이번 단행본을 집필하면서 강조하고 싶은 '실행의 힘'과 '자기 주도 안전 관리' 부분과 연관성이 깊다고 생각했기 때문이다. 그래서 이미 완성된 글에 부랴부랴 추임새 글을 추가하고 있는 것이다.

무슨 이야기인가. ㉠ 부분의 "아무리 훌륭한 생각이라도 아주 작은 실천보다 못하다"와 ㉢ 부분의 "단 한 번만이라도 해보라. 행운은 도전하는 자에게 걸려든다"는 주장은 다음과 같은 의미로 해석할 수 있다. 보통 사람들은 목표와 계획을 거창하고 화려하게 세운다. 하지만 계획과 목표대로 실천하고 달성하는 경우가 얼마나 될까. 대부분 계획과 목표, 그 자체에서 그친다. 결과물을 만들어 내지 못하는 이유는 계획과 목표만 세우고 실행과 실천을 제대로 하지 않았기 때문이다. 그러니 아무리 훌륭한 생각이라도 아주 작은 실천·실행보다 못하다는 뜻이다. 필자가 이번 장에서 강조하고 싶은 '실행의 힘'과 같은 맥락이다. 특히 사람의 생명과 재산을 지키는 재난안전관리 분야에서는 더욱 중요하다.

다음은 Ⓛ 부분 "사회가 만들어 놓은 틀에 매이지 말고, 자신의 길을 묵묵히 가라"는 의미를 '자기 주도 안전 관리'와 연결시켜 보자. '사회가 만들어 놓은 틀'이란 안전 관리 시스템, 매뉴얼, 관행, 책임자 지시 등 기존에 규칙적, 제도적으로 만들어 놓은 틀을 지칭하는 것으로 보면 된다. 그리고 '자신의 길을 묵묵히 가라'는 의미는 효율적인 재난안전관리 업무가 되려면 기존의 관행과 규칙을 존중하되 얽매이지는 말라는 뜻이다. 자기 방식대로 자율적으로, 창의적으로, 생산적으로 업무를 추진해 나가라는 의미다. 이 부분은 후반부에서 구체적으로 논할 것이다. 지금부터 필자가 강조하고 싶은 '실행의 힘'을 본격적으로 이야기해 보기로 하겠다.

'실행의 힘', '실천의 힘'은 같은 의미다. 흔히들 말하는 액션 플랜(Action Plan)이다. 성인이 되면 누구든 학창 시절이나 직장 생활의 하루하루 일상에 대해 한 번씩은 돌이켜볼 때가 있을 것이다. 뿌듯한 생각이 들 때도 있고, 후회스러워서 뉘우칠 때도 있을 것이다. 학창 시절을 한번 떠올려 보자. 공부와 관련된 기억이 많지 않은가. 특히 '일일 학습 계획표'를 원형으로 거창하게 그려서 책상 위에 붙여 놓거나, 노트 또는 책가방 속에 넣어 다녀 본 기억 하나쯤은 있을 것이다. 그런데 그 학습 계획표를 상기할 때 가장 기억에 남는 단어는 '작심삼일(作心三日)'이었을 것이다. 왜냐하면 대부분 계획표대로 꾸준히 실천한 사람은 공부를 잘했을 것이고, 그렇지 않은 경우는 제아무리 머리가 타고나도 공부를 그리 잘하지는 못했을 것이다. '작심삼일'은 바로 실행의 힘, 실천의 힘을 이야기하는 것이다.

잠시 화제를 돌려 보겠다. '작심삼일'을 이야기하고 있는데, 필자가 몸담고 있는 회사의 전사 게시판에 우연찮게 이런 이벤트 구호가 컴퓨터 화면을 채웠다. '작심일년, 2023'이라는 메시지 말이다. 사내 커뮤니케이션 팀에서 올린 모양이었다. '아니, 작심이란 표현이 이렇게 매칭되다니!' 하면서 스스로 적잖이 놀랐다. '신의 한 수'인가? 사전에 짜고 치는 것도 아닌데 말이다. 하여튼 '작심일년, 2023'에서 말하는 '작심'은 역시 '직원 각자가 세운 업무 계획과 목표를 1년 내내 열심히 실행하고 실천해서 꿈을 이루자'는 뜻일 것이다. 좋은 구호다. 그리고 의미 있는 이야기라 할 수 있다. 커뮤니케이션 팀을 칭찬하지 않을 수 없었다.

이뿐인가. '작심일년, 2023'이 사내 게시판에 올라오고 약 이틀 뒤, 늦게 퇴근해서 지친 몸으로 TV를 켰다. 재난 관련 소식이 궁금해서다. 자고 나면 발생하는, 그래서 더욱 안타깝지만 '일상화'라는 용어 자체가 어느덧 상용화되었다 해도 과언이 아니다. 그런데 공교롭게도 이런 이야기가 TV조선의 뉴스 말미에 흘러나왔다. 신동욱 앵커가 전하는 '앵커의 시선' 주제가 '작심한달, 다이어트'라는 화두였다. 이게 무슨 소리인가 했더니 내용은 이러했다. "새해가 오면 으레

금연과 함께 가장 많이들 하는 결심도 뱃살 빼기지요… 새해 결심이 어긋나기 쉬운 것은… 평소 실천하기 어렵던 일이 해가 바뀌었다고 술술 풀릴 리가 없으니까요. '지어먹은 마음, 사흘을 못 간다'는 '작심삼일'은 세계 공통입니다. 일본만 해도 새해에 세우는 헛된 결심을 '삼일승려'라고 합니다. 승려가 되려고 출가했다가 엄한 불가의 수행을 견디지 못하고 사흘 만에 환속한다는 얘기입니다. 새해를 맞은 게 엊그제 같은데, 금세 한 주가 갑니다. 뱃살, 담배, 술 같은 것과 헤어질 결심을 하신 분이 적지 않을 텐데, 뜻대로 되어 가시는지요. 지난해 조사를 보면 운동 결심이 가장 많았고 저축, 다이어트, 공부, 금연, 금주 순이었습니다. 그런데 작심삼일은 열에 한 명에 그쳤고, 한 달이 가장 많았습니다. 이제는 '작심한달'로 바꾸어야 할 것 같습니다… 어디 새해 결심뿐이겠습니까. 주저앉고 쓰러지고 뒷걸음치면서 '작심 365일 끝없이 다짐하고 도전하는 한 해가 되기를 기원합니다." 이처럼 또다시 '작심'에 대한 이야기가 우연히 화두로 잡혔다. 중첩된 우연치곤 기가 막히게 들어맞는 이야기들처럼 느껴졌다.

여기서 다시 재난안전관리 이야기를 양념처럼 곁들여 보자. 재난안전관리는 '작심 영원히, 그리고 반드시, 즉시, 실행의 힘으로!'라고 '필자의 시선'을 정리하고 싶다.

한 번은 청년 창업에 관심이 많은 지인의 연락을 받고 만난 적이 있다. 대학 교수로 출강하면서 과외로 청년을 대상으로 하는 소규모 교육장에서 사교육 강의도 하는 지인이었다. 그래서 취업 전선에서 고민하고 있는 청년들을 적극 돕는 등 성실하고 알차게 인생을 살아가는 유능한 후배였다. "대학이나 과외로 청년들을 돕고 있다 보니

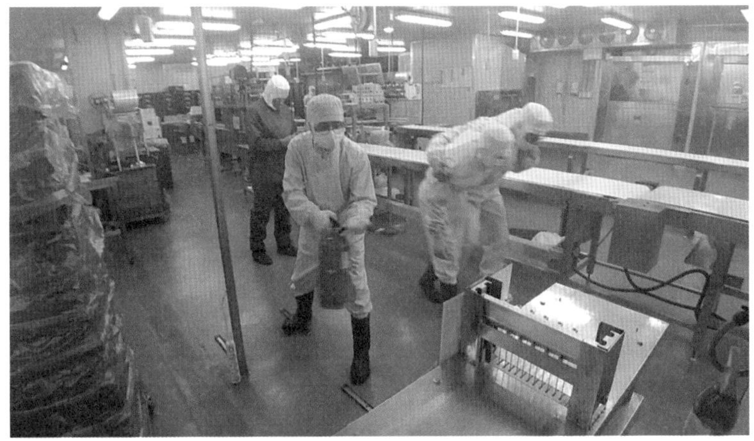

재난안전관리 교육과 훈련 현장

그들에게 도움이 될 책 한 권을 쓰고 싶습니다. 따라서 관련 책자에 각계 인사들의 '인생 선배로서 해주고 싶은 이야기'를 함께 실었으면 합니다. 막 사회 진출을 앞둔 청년들에게는 어른들의 가벼운 이야기라도 귀중한 지식과 정보가 되니 부탁드리겠습니다"라며 간곡한 어조로 요청했다.

그래서 김우중 전 대우그룹 회장과 정주영 전 현대그룹 회장의 어록을 중심으로 '실행의 힘'이 가지는 중요성을 강조한 바가 있다. 실제로 필자는 공직 생활을 하면서 1995년 헝가리, 폴란드, 체코 등 동유럽권 나라들로 출장 갔을 때 대우그룹의 시장 지배력을 목격하고 충격을 받은 적이 있다. 김우중 회장이 '세계는 넓고 할 일은 많다'는 명제하에 큰 그림을 그리고, 그 그림을 바탕으로 몸소 실행에 옮기지 않았다면 당시 대우가 글로벌 시장에서 존재감을 드러내지 못했을 것이다.

더욱이 정주영 회장의 일화적 전기를 담은 책 《이봐, 해봤어?》를 살펴보면 실행의 힘에 대한 중요성을 말해주는 상징적인 어록을 읽을 수 있다. 직접 실행은 하지 않고 추상적으로 밑그림만 그린다거나, 말로만 일을 다한 것처럼 하는 비겁한 행동을 하지 말라는 의미를 내포하고 있다. 실제적으로 행동에 옮긴 결과를 가지고 이야기하라는 뜻이다.

실행의 힘을 강조하자면, 정주영 전 회장과 김우중 전 회장 못지않게 대한민국 경제 성장의 토양을 만드신 또 한 분의 이야기를 빼놓을 수 없다. 사업 보국과 국가 안보에도 많은 기여를 하신 ㈜아워홈의 고 구자학 회장이 강조한 경영 철학을 이야기하고 싶은 것이다. 구자학 회장은 오직 "기업은 돈을 벌어 나라와 국민을 잘살게 해야 한다. 국민이 잘 먹고 잘사는 게 중요하다. 그래서 좋은 음식을 대접하겠다. 사람은 먹는 것이 중요한데, 정성과 진심은 당연하다"라는 어록을 남겼다. 아울러 "남이 하지 않는 것, 남이 못 하는 것, 거기에 자신의 역량을 집중하고 노력하는 것이야말로 남보다 앞서는 지름길이다"라는 신념으로 식품 회사를 설립했다.

특히 국민들이 절대로 배고프면 안 된다는 경영 철학은 대한민국이 선진국으로 도약하는데 밑거름이 되었다. 또한 언제나 새로운 것에 도전하여 역량을 집중하는 것이 개인과 조직 발전의 원천이라는 강한 신념을 몸소 실행하고, 실천하였기에 오늘날 대한민국 최고의 종합 식품 회사로 거듭나는 디딤돌이 되었다.

필자도 공직 생활 동안 실천을 하지 않고 말로만 그럴듯하게 이야기하거나, 현란한 문구의 보고서로 상대방을 현혹하려는 선후배를 가장 싫어했다. 아니 싫어했다기보다는 경멸했다. 그렇다고 누군가가 "너 자신은 잘했느냐"라고 묻는다면, 결코 자신 있게 대답할 수는 없다. 필자라고 부끄러운 일이 왜 없겠는가. 단지 글로 공개하는 자리라 보편타당한 객관적인 이야기를 했을 뿐이다.

국민들이 공직자들을 향해 가장 많이 하는 이야기가 '탁상행정(卓上行政)' 아닌가. 그렇다. 공무원들은 실행력이 부족한 게 사실이다. 이유는 간단하다. 그러나 굳이 여기서 밝히지는 않겠다. 왜냐하면 그래도 공무원들의 마지막 자존심은 살려 줘야 하니까. 이렇게 단정 지어 말할 수 있는 것은 필자도 공직 생활을 해본 당사자이기 때문에 가능하다. 역대 대통령이 기회 있을 때마다 '규제 혁파'를 외치는 소리를 들으면 필자가 왜 공무원들의 실행력을 탓하는지 이해가 갈 것이다. 그렇다고 모든 공무원을 매도하자는 것은 아니다. 많은 공무원이 우수한 두뇌와 뛰어난 역량으로 대한민국을 선진국 반열에 올려놓는 데 큰 공을 세우기도 했다. 이제 또 다른 이야기로 넘어가자.

필자가 회사에 입사한 지 얼마 안 된 때의 일이다. 사내 인재개발팀장으로부터 급하게 요청이 왔다. "상하, 수평, 리버스 등 각각의 조합으로 사내 멘토링(mentoring) 제도가 활성화되고 있습니다. 그중에 임원들이 멘토(mentor)가 되고 직원들이 멘티(mentee)가 되는 'Can Meeting' 이벤트가 중요한 제도 중 하나입니다. 그 가운데 사정상 특정 멘토링 팀이 잘 운영되지 않고 있어 멘토 역할을 대신 맡아 주셨으면 합니다"라는 내용이었다. 워낙 직원들과 소통을 좋아하는 사람이라 즉석에서 반갑게 수용했다. 아직까지 직원들 면면을 잘 몰라 제의 자체가 부담스러운 측면도 있지만, 특별 당부를 거절할 수는 없었다.

그렇게 시작된 멘토링에서 필자는 직원들과의 상견례 자리를 어떻게 응할 것인가에 대해 고심했다. 무엇인가 의미 있는 이벤트를 만들어야겠다는 마음을 먹고 소위 인터넷 서핑(surfing)을 통해 관련 서적을 구매하기로 결심했다. 필자가 고민하지 않고 단번에 결정할 수 있는 책 제목이 눈에 띄었다. 그래서 망설임 없이 바로 그 책을 구매했다. 《실행의 힘》이라는 단행본이다. 책을 받은 사람들에게 의미를 부여하기 위해 주머니에서 사비를 털어 구매했다고 강조했다. 그 이후 실행의 힘이라는 교재로 진행한 멘토링은 나름의 의미가 컸다. 필자가 보기에는 그렇게 고차원적인 책은 아니었다. 하지만 어린 시절에 부모를 여의고 방황하던 한 시골 소년이 같은 마을 멘토를 만나 인생 목표를 세우고, 꿈을 이루기 위한 일련의 실행을 통해 훌륭한 세일즈맨으로 성장하는 과정을 담은 내용은 충분히 인상적이었다.

결론적으로 이 책이 가져다 주는 함의는 '실행의 힘'이라는 제목에서 말해 주듯 누구든 인생 목표가 설정되면 꿈꾸는 것에 머물지 말고, 바로 실행에 옮기라는 뜻이다. 즉 꿈은 실행에 옮기는 순간부터 실현된다는 것을 강조하고 있다.

구체적으로 이 장에서 강조하고 싶은 재난안전관리 현장에서 '실행의 힘'이 적용된 사례에 대해 이야기해 보자. 늦가을 어느 날 소방방재 훈련차 본부 직원들과 함께 제주도 사업장을 방문한 적이 있다. 직원 수십 명이 모인 가운데 옥외 특정 장소에서 소화기 분사 훈련을 했다. 안전 관리 담당 직원이 소화기 분사 방법과 절차에 대한 시범을 보인 후 참석자들에게 한 번씩 실습을 해보라고 했다. 여러 명 가운데 30대 중·후반 여직원이 '실습'이라는 말이 나오자마자 "저요!" 하면서 용기 있게 달려 나오는 것이 아닌가. 실제 실습도 마치 군 특수 훈련병처럼 절도 있게 잘해 나갔다. 그러고 난 후 이어진 여직원의 말이 더 자랑스러웠다. "더 할 게 없습니까?" 담당 직원은 소화전도 작동해 보라고 했다.

그 순간 필자는 '여직원인데 대단하다'라고 생각했다. 자칫 성차별적 시선으로 비쳐질 수도 있지만, 전혀 그렇지 않다. 실제로 소화전은 물의 압력이 거세기 때문에 여성의 힘으로는 들어올리기조차 벅차기 때문이다. 그런데 그 여직원은 서슴지 않고 소화전을 작동했다. 물론 다른 남자 직원이 거들었다. 일정 시간이 지난 후 다른 직원들에게도 소화기, 소화전 분사를 실습해 보라며 권했다.

많은 직원이 상대방 눈치만 보고 주위를 두리번거리곤 했다. 필자는 속으로 '겁쟁이 같은 사람들'이라고 중얼거렸지만 겉으로는 "각자 집 안에 소화기가 다 비치되어 있을 것입니다. 이번에 한 번씩 실습해 보면 집에 불이 났을 때 가족의 생명과 재산을 지키는 데 도움이 될 것입니다"라고 외쳤다. 그러자 급식소 주방에서 일하는 60대 여사님께서 손을 들고 나오는 게 아닌가! 나중에 확인한 일이지만 실습에 참여했던 분은 근무 중 안전사고를 한 건도 겪지 않았으며, 여사님이 근무하는 급식소에서도 안전 관리 업무가 차질 없이 진행되는 것으로 확인되었다. 바로 '실행의 힘'에서 나온 결과가 아니었을까. 액션 플랜이 그렇게 중요한 것이다.

둘째, 집단 급식소 주방에서의 사고 방지를 위해 '큰소리로 알려 주기' 방식을 도입해 실행함으로써 집단 급식소 안전 문화 정착에 기여한 사례다. 통상 집단 급식소 주방은 좁고 미끄러운 조리장 내에서 여러 사람이 움직이며 업무를 진행하다 보니 크고 작은 사고들이 빈번하게 발생한다. 칼질을 하고 있는 사람 뒤로 지나가면서 팔을 쳐서 베임 사고가 발생하기도 하고, 바로 앞에 지나가던 사람이 갑자기 방향을 틀면서 중심을 잃고 국솥으로 넘어져 화상을 입기도 한다.

집단 급식소 위생 안전 점검을 다니는 유능한 여직원 J, A, S씨는 매번 목격되는 여사님들의 각종 사고가 안타까웠던 모양이다. 특히 자신들의 어머니가 생각나 여사님들의 고충에 더욱 가슴 아파 했다. 그러던 중 어느 날 출장을 위한 이동 차 속에서 번뜩이는 아이디어가 떠올랐다. 집단 급식소 주방 현장은 늘 시끄럽고 바쁘기 때문에 거창한 제도보다는 실행도가 높으면서 단순하고 직관적인 안전 캠페인이 필요했던 것이다. 그래서 만들어진 것이 '큰소리로 알려 주기 방식'이다. 즉 주방 내에서 이동하는 사람이 반드시 큰소리로 'Behind you', 'Atras', '지나갑니다', '뒤에 있습니다'라고 소리치게 해서 서로의 위치를 파악할 수 있게 조성한 것이다.

이 방식을 도입하자 사고 건수가 현저히 줄어들었다. 처음에는 모두들 큰소리 내기가 부끄러워 망설이는 자세를 보였지만, 용기를 내어 아무렇게나 큰소리로 외치다 보니 어느새 안전 문화 정착을 위한 위대한 구호로 자리 잡게 되었다. 이처럼 작은 습관 하나가 각종 사고를 방지하는 아름다운 문화로 정착하는 성과를 가져오게 된 것이다. 이는 작은 계획 하나라도 목표를 설정하면 바로 실행하고, 실천하는 자세 때문에 가능했던 것이다. 이 또한 '실행의 힘'을 보여준 대표적인 사례다.

세 번째, 내재화된 '안전 구호 외치기' 의무화가 안전사고를 획기적으로 줄인 사례다. 생산 공장에 근무하는 중견 간부 P씨는 365일 생산 설비가 가동되는 가운데 해마다 크고 작은 안전사고가 발생하고, 매년 안전 교육 및 훈련에 집중해도 사고가 전혀 개선되지 않고 있어 스트레스가 이만저만이 아니었다. 그러던 중 안전사고 방지는 철저한 '안전의식'에서 출발한다는 점에 착안하여 매일 작업 전 의무적으로 안전 구호를 외치기로 했다. 3조 3교대로 운영 중인 생산 부서에서 시작 전 각 조장이 선창하고, 팀원들이 후창하는 식으로 "안전 좋아! 안전 좋아! 안전 좋아!"를 외쳤다. 처음에는 참여자 모두가 부끄러워하기도 하고, 일부는 '이렇게 모여서 안전 구호를 세 번씩 외친다고 안전사고가 줄어들겠어' 라는 식으로 냉소적인 분위기가 팽배했지만 결과는 의외였다.

우선 자연스럽게 모여 서로의 안부도 묻고 농담도 하면서 시간을 같이하다 보니 긍정 에너지가 발생했다. 강당에 모여 교육받는 것보다 안전 구호를 외치면서 무의식적으로 안전의 중요성을 깨달았고, 안전이라는 개념이 서서히 내재되어 갔다. 이는 단순한 구호 외치기 활동에 불과하지만, 안전 사고율을 획기적으로 개선하는 등 '실행의 힘'의 위력을 보여준 좋은 사례라 하겠다.

넷째, '조명기구 교체 프로젝트' 실행으로 ① 안전사고 방지, ② 예산 절감, ③ 에너지 절약 등의 성과를 거둔 사례다. 시설 안전 담당 책임자인 R간부는 지방 제조 공장, 물류센터 시설 점검을 갈 때마다 현장의 안전사고 위험성을 인지하고 불안한 나날을 보내고 있었다. 어느 날 물류센터에서 한 직원이 사다리 위에서 위태롭게 형광등 안정기 교체 작업을 하고 있는 것을 보고 '이대로는 안 되겠다' 싶어 대책을 강구하기로 결심했다. 실제로 물류센터 시설 관리 업무 중 가장 많은 시간이 소요되고 위험한 작업이 형광등 수선 작업이다. 식품을 보관하는 물류센터의 경우 별도의 내부 조도 기준이 있어 일반 창고보다 조명의 개수도 많으며, 대부분 방습형 조명기구인 터라 수선 시 해체, 조립이 어렵고 힘든 작업이다. 냉동, 냉장 시설이 많아 형광등 램프 수명이 짧아 잦은 수선이 불가피하고, 고가 사다리 작업에 대한 위험성도 높아 실제로 사다리 추락 사고가 빈번한 환경이다. 심지어 노후화된 조명기구는 화재 위험성도 높다.

이러한 여건 속에서 R간부는 늦은 여름 어느 날, 고된 안전 관리 업무 스트레스 해소와 기러기 아빠의 외로움을 달래기 위해 저녁 반주 한잔을 하고 침대에 올랐다. 잠이 오지 않아 천장을 쳐다보다가

"바로 이거다!" 하면서 소리쳤다고. 그것은 바로 '물류센터 조명기구를 LED로 전면 교체하는 구상'이었다. 하지만 LED 조명기구가 방습형 조명기구로 가능할까, 비싼 가격과 안전성, 경영진 설득 등 적잖은 고민에 빠졌다. 하지만 그런 고민은 잠시였다. '어떤 난관이 닥쳐도 현장 안전 불안 요소 개선, 직원들의 고충 해소를 위해 무조건 실행하겠다'라고 마음을 굳힌 것이다.

막대한 예산 소요 문제로 반대하는 경영진을 상대로 LED 램프의 안전성, 경제성, 영구성, 효율성 등을 내세워 끈질긴 설득 끝에 조명기구 교체 프로젝트를 관철시켰다. 전국 8개 사업장에 수십 억 원의 예산이 투입됐지만 유지 관리비, 전기 요금 절감, 탄소 배출량 감소, 작업 안전사고 예방 등 다목적 효과를 거두었으며, 단기간 내 투자비 회수도 가능해 결국은 경영 개선에도 큰 도움이 되었다. 이는 종업원의 생명과 재산은 내가 지킨다는 신념으로 안전 환경 개선을 위해 고민하고, 목표를 세우고, 실행에 옮긴 한 간부의 노력이 거둔 성과인 것이다.

다섯째, 창의력을 발휘해 계획을 짜고 실행까지 옮겨 완벽한 '화학 물질 관리 시스템(CMS)'을 구축하여 유해 물질을 차단한 사례다. 겸손과 능력을 겸비하여 후배 직원들로부터 인기가 많은 환경 안전 담당 L간부는 평소 '유해 물질'에 노이로제가 걸린 사람 같았다. 사연은 모르겠지만 어떤 트라우마가 있는 것이 아니냐고 의심할 정도였다. 추임새는 그만 넣고, 본질적인 이야기를 해보자. 국내 화학 물질과 관련한 환경은 매우 복잡하다. 환경부를 통해 등록된 화학 물질은 4만 6,000여 종이다. 이에 따른 화학 관련 사고도 기하급수적으로 늘어나고 있다. 2013년 환경부는 '유해화학물질관리법(일정량 이상을 사용하는 경우에만 규제 대상)'을 '화학물질관리법'으로 전면 개편하여 취급량과 관계없이 유해 화학 물질을 사용만 하더라도 규제 대상이 되는 쪽으로 바꾸었다. 이러다 보니 화학 물질 사용량이 적어 기존에 규제 대상이 아니었던 식품 제조 공장은 물론 위탁 급식 사업장을 포함하여 800여 개의 사업장 관리가 사실상 불가능했다. 하지만 L간부는 불가능하다는 이유로 방치할 수는 없다는 판단을 내렸다. 차라리 순발력 있게 규제에 대응하고 관리의 부재를 차단하자는 신념 아래 '사내 유해 물질 도입을 원천적으로 차단하자. 그러면 규제도 준수하고, 유해 물질로부터 직원을 지킬 수 있을 거야'라며 자신만이 간직한 일종의 구호를 만들었다.

그러한 의지로 사내 IT 부서와 협업하여 약 3개월에 걸친 연구 끝에 사내 화학 물질을 직접 통제하고 관리할 수 있는 '화학 물질 관리 시스템'을 구축하게 된 것이다. 동 시스템은 4만여 종의 화학 물질 규제 정보를 분석해 데이터베이스화함으로써 만약 유해 화학 물질이 함유된 제품이 발견될 경우 사내 구매 리스트에 등록조차 불가능하도록 차단하는 시스템이다. 한 간부의 의지와 열정으로 계획하고 실행한 프로젝트가 유해 물질 유입을 원천적으로 차단하는 결과를 가져온 것이다. 위대한 '실행의 힘'의 산물이다.

여섯째, 잘못된 손 씻는 습관을 잡아 주기 위해 '경험 중심 교육(experience education)'을 실행한 사례다. 급식 사업장에 처음 입사하면 ① 제일 먼저 배우는 업무는 무엇일까? ② 업무 중에서 제일 먼저 하는 업무는? 그것은 바로 올바른 손 씻기다. 일반적으로 손을 씻는 방법을 배운다는 것이 이상하다고 생각할는지 모른다. 하지만 질병관리청에서 조사한 자료를 보면 비누를 사용하여 손을 씻는 비율은 불과 30.6%밖에 되지 않는다.●

우리는 왜 올바른 손 씻기 6단계를 실천해야 할까? 올바른 손 씻기는 코로나19뿐 아니라 식중독까지 예방할 수 있는 첫걸음이다. 집단 급식소에서는 대량으로 많은 음식을 미리 준비하여 배식 시간 동안 제공해야 하므로 일반적인 식품 접객업(외식 사업장)보다 철저한 위생 관리 공정을 준수해야 한다. 그중에서도 작업자의 손을 통해 교차 오염되는 경우가 많기 때문에 항상 올바른 손 씻기 6단계 방법을 통해 30초 이상 세정제를 사용하여 손가락, 손등까지 깨끗이 씻고 흐르는 물로 헹궈야 한다.

식중독 확률이 높아지는 무더운 여름 어느 날, 위생 관리 업무 전문가인 J직원은 반복적인 교육을 통한 의식 제고 활동을 바탕으로 얼마나 깨끗하게 씻었는지 확인할 수 있는 방법이 없을까를 고민했다. APT(오염도 측정 기구)와 함께 뷰박스(형광 물질 자외선 모니터링 기구)가 그 같은 고민을 단번에 해결해 주었다. 손의 세균은 눈에 보이지 않아서 올바르게 씻지 않으면 상당수의 세균이 그대로 남는다. APT 또는 뷰박스 체험으로 평소 손 씻는 습관의 잘못된 부분을 직접 눈으로 보여주고, 개선해야 할 부분을 알려주어 '실행력'을 높이는 교육을 실시했다. 반응은 뜨거웠고, 손에 세균이 얼마나 남아

● 질병관리청, 〈2021년 지역사회 감염병 예방 행태 실태조사〉.

있는지 직관적으로 볼 수 있기 때문에 교육의 효과도 극대화되었다. 그리하여 직원들은 개인 위생의 중요성을 인식하게 되었으며, 궁극적으로는 식중독을 예방하고 고객의 건강을 안전하게 지킬 수 있게 되었다. 특히 실행력을 높이기 위해서 여러 방법을 모색하는 과정에서 도입한 제도라 의미가 남다르다 하겠다.

일곱째, 실행력을 바탕으로 항상 의심하고 개혁하려는 의지를 통해 '만전지책(萬全之策)'의 성과를 이룬 사례다. 만전지책이란 '아주 안전하거나 완전한 계책으로 한 치의 빈틈없이 완전한 방법'이라는 의미다. 식품 안전 관리 책임자인 K간부는 만전지책과 같은 완벽한 업무를 추구하는 사람으로 정평이 나 있다. 팀원들과 함께 공급사 점검을 하던 중 원료 공급 업체의 위생 관리를 타사보다 몇 배나 강화하는 데도 사건·사고가 끊이지 않는 것에 대해 강한 의문점을 갖게 된다. 그래서 근본적인 문제가 무엇인지 고민하다가 1차로 공급 업체 '사전 평판 조사', 2차로 '불시 점검 체계'로 전환 등, '공급사 평가 프로세스'를 개선하기로 했다.

1차 평판 조사는 공급사 현장에 가기 전 정부나 경쟁 업체의 조사 이력, 언론 보도 내용 등의 간접적인 정보를 수집, 분석하는 절차다. 2차는 불시 점검 체계로의 전환이다. 불시 점검에 대해서는 보안을 이유로 항의가 이어졌고, 심지어 평가를 거부하는 사태까지 생겼다. 하지만 뜻을 굽히지 않고 업체를 적극 설득하여 결국 시행해 보기로 결정했다.

실제로 ○○부서를 통해 신규 업체에 대한 위생 의뢰가 들어온 날이었다. 1차 평판 조사를 위해 정부 행정 처분 및 언론 보도 이력, 타사와의 거래, 업체 규모 등을 조사하던 중 과거에 '원산지 허위 표시'로 적발이 되었던 사실이 확인되었다. 해당 내용을 토대로 '평가 전 거래 불가' 입장을 ○○부서에 통보했다. 단가가 싸고 다른 대기업들과도 거래를 많이 하고 있는데 유난히 특정사만 안 된다는 것은 이해할 수 없다는 항의가 들어왔다. 하지만 K간부는 원산지 허위 표시는 관리 소홀보다는 업체 대표의 성향, 마인드의 문제라며 최종적으로 거래하지 않기로 결정했다.

K간부의 결정은 옳았다. 언론 보도에 따르면 그 이후 해당 업체는 또 다른 기업을 상대로 동일한 불법 행위로 물의를 야기한 바 있다. 상업성에 물든 불법 행위는 쉽게 개선하기 어려운 모양이다. 아무튼 K간부의 조치 이후 ○○부서는 식품 위생 책임자의 판단을 존중했고, 변경된 프로세스 정착으로 지금까지 문제없이 잘 운영되고 있다. 이는 개혁과 집요한 의심, 굽히지 않는 신념이 없다면 불가능했다는 점에서 바로 '만전지책'의 힘을 보여주는 좋은 사례라 하겠다.

'실행의 힘'이 얼마나 위대한지를 5,000만 대한민국 국민을 울고 웃게 만든 월드컵 축구를 통해서 이야기해 보자. 2002년 한·일 월드컵과 2022년 카타르 월드컵에서 우리가 목격한 그대로다. 우리 대표팀은 16강이라는 목표를 세우고 '꿈은 이루어진다'라는 구호 아래 외국인 감독을 내세워 선수 개개인이 지옥 같은 훈련 등을 몸소 실행함으로써 실제로 16강이라는 대업을 달성했다. 이는 '목표 → 실행 → 성과'라는 도식을 완벽하게 입증한 좋은 사례다.

이제 이번 장을 마무리하려 한다. 지금까지 대한민국 산업 역군 1세대들의 훌륭한 업적과 재난안전관리 현장 직원들의 현안 해결을 위한 실행 경험, 실천 행동을 통해 혁혁한 성과를 거둔 사례를 살펴보았다. 여기에 담긴 함의는 모든 문제는 거창한 계획만 세우지 말고 다소 계획서가 부족하더라도 '지금도 늦었으니, 즉시 실행에 착수하라'는 것이다. 그래야 생산 목표도 달성(output)하고, 물질적·정신적 성과(outcome)도 이룰 수 있다. 특히 모든 일은 먼저 실행, 실천을 해봐야 관련 사업이나 목표를 지속적으로 밀고 나갈 수 있을지 없을지 그 여부를 결정할 수 있다. 다시 말해 '실행의 힘'이 조직과 개인의 흥망성쇠(興亡盛衰)를 좌우한다 해도 과언이 아니다.

'실행의 힘'이야말로 '성공의 열쇠'인 것이다. 글을 맺는 이 순간 필자에게는 '실행의 힘'이라는 단어가 왜 이리도 무겁게 다가오는 것일까? 정부, 산업계 재난안전관리 담당 직원들, 모두가 같은 생각일 것이다. 오늘도, 내일도, 모레도 '실행의 힘'이라는 '회초리'에 몸을 맡긴 채 험난한 여정을 헤쳐 나가기로 다짐해 본다.

최고 경영진의 신변을 사수하라

골든타임
'5분의 마력(魔力)'

4.1 규모 괴산 지진 (2022년 10월 29일)의 교훈

기상청 08시 27분

10월 29일 08:27

충북 괴산군 북동쪽 11㎞ 지역 규모 3.5 지진 발생.
낙하물로부터 몸 보호, 진동 멈춘 후 야외 대피하며 여진 주의.

기상청 08시 28분

10월 29일 08:28

충북 괴산군 북동쪽 12㎞ 지역 규모 4.3 지진 발생.
낙하물로부터 몸 보호, 진동 멈춘 후 야외 대피하며 여진 주의.

아워홈, '상황 보고'— 1보 08시 30분

충북 괴산 지진(3.5) 관련 주변 '음성공장' 시설 점검 들어갔습니다.
관련 임원, 사업 부장들도 관심과 철저 대비를 당부합니다.

아워홈, '상황 보고' — 2보 09시 21분

지진이 괴산 북동쪽 12㎞ 지점이라
음성공장/물류센터 쪽으로 근접한 지역입니다.
그리고 규모 4.1 정도면 ① 유리창이 깨지고, ② 건물이 흔들리며,
③ 비고정물은 넘어지고, ④ 가스 밸브가 열리는 등 많은 피해를 가져옵니다.
그래서 긴급 점검 들어간 결과, 지진 당시 근무 직원들의 피해 상황은 없음.
동시에 공무 직원이 순찰을 마쳤으며 현재까지 피해는 없습니다.
시설 안전 책임자가 추가 점검 중입니다.
특이 상황 발생 시 지속 대응 및 보고 예정.

중대본 10시 30분

충북 괴산군에 발생한 지진(규모 4.1)으로 현재까지 피해 미발생,
추가 지진 시 지진 행동 요령(국민재난안전포털)에 따라
침착하게 대응해 주시기 바랍니다.

군대에는 '5분 대기조, 5분 전투 대기 부대'라는 용어가 있다. 갑자기 재난안전관리에서 5분 이야기가 왜 나오는가 하는 의문을 제기하는 사람이 있을 수 있다. '딱 5분'은 필자가 안전 관리 현장에서 무수히 많은 사건을 접하면서 필자 나름대로 정립한 '골든타임 5분' 이야기다. 이는 예방·대비 단계에서의 이야기가 아니다. 사건·사고가 발생한 후 초기 대응 과정의 이야기다. 앞에서 언급했다시피 재난안전

관리는 4단계인 '예방—대비—대응—복구'로 이루어진다. 이를 사전 단계(예방, 대비)와 사후 단계(대응, 복구)로 나누기도 한다.

'골든타임 5분'을 이야기하자니 갑자기 재난 주관 방송사인 KBS가 화재 발생 대비 국민 계도 차원에서 주기적으로 방송하는 공익 광고의 캠페인 내용이 떠오른다. 독자들도 종종 시청했을 것으로 생각된다. 글을 쓰고 있는 이 순간에도 방송되고 있다. 내용은 이렇다. "화재 발생 골든타임 5분에서 화재 발생 시 지켜야 할 5대 행동 요령이다. ① '불이야!' 외치고, 비상벨을 누르자 ② 작은 불은 소화기로 끄기 ③ 입과 코를 가리고 안전하게 대피하기 ④ 안전한 곳에서 119 신고하기 ⑤ 대피 인원 확인하기 순으로 5분 내에 신속하게 진행이 이루어져야 한다는 것이다. 즉, 화재 발생 시 '외치고→ 끄고→ 대피하고→ 신고하고→ 확인하기'에 익숙해져 생명을 구하고 재산을 지킬 수 있는 5분 타임이 매우 중요하다"는 점을 강조하고 있다.

안전 관리 업무는 위해 요소를 사전에 철저히 점검하면서 사고가 일어나지 않도록 하는 예방이 99%이고(이에 대해서는 앞선 챕터에서 다뤘다), 사후 단계는 1%다. 하지만 예방을 하지 못한 채 사고가 일어나면 초기 대응을 어떻게 하느냐에 따라 생명과 재산 피해 규모가 결정된다. 예를 들어 위의 공익 광고 캠페인에서 보듯이 화재가 발생하면 발화자 또는 목격자가 현장에서 초기 대응을 자율적으로 판단하여 신속하고 창의적으로 질서 있게 대응하면 된다. 그러면 확산은 물론 피해 자체를 막을 수 있다. 그래서 현장 직원들의 근무 장소 옆에 소화기를 비치하고, 다각적인 초기 진화 방안에 대해 교육을 받고, 훈련도 하는 것이다. 그 초기 진화가 5분 내로 이루어지면 피해 확산도 막을 수가 있다. 화재뿐만 아니라 모든 재난 사건 발생 시 골든타임 5분이 중요하다. 심폐 소생술을 할 때도 그 생사 여부가 5분 안에 결정된다. 지진 발생 시에도 5분 내로 대피해야 한다.

이제 다시 이번 장의 서두에서 제시한 괴산 지진 사건으로 이야기를 돌린다. 괴산 지진 사건 당시 대처 사례를 제시한 이유는 신속한 상황 보고 체계의 중요성을 이야기하고 싶어서다. 즉 보고 내용을 자세히 살펴보면 기상청이 최초로 전 국민에게 경보(08:27)를 울린 3분 후에 필자가 속한 회사 내 자체 상황 보고(08:30)가 신속하게 이루어졌고, '이동 상황반'도 가동되었다. 그 덕에 후속 대응도 신속하게 이루어질 수 있었다. 즉 골든타임 5분이 적용된 사례다. 별것 아니라고 생각 드는 문제를 과대 홍보한다고 오해할 수도 있다. 그래서 정작 하고 싶은 말은 다음부터다.

제목에서 암시했다시피 '최고 경영진의 신변을 사수하라'는 이야기다. 필자가 무수히 많은 사례 중 괴산 지진 사건을 강조하는 이유는 이러하다. 지진 피해가 예상되는 충북 음성공장에 지진 발생 이틀 후 최고 경영진이 사업 구상차 현장을 방문할 예정이었다. 만에 하나 건물이 붕괴되거나 붕괴될 조짐이 있으면 안 되기 때문이다. 이런 이야기를 하면 '너무 아부하는 행태 아니냐?'라며 반문할지도 모른다. 그런 오해를 하는 독자가 있다면 다음 구절을 들으면 이해가 갈 것이다. 국가든, 기업이든, 조그마한 구멍가게든, 또는 가정이든 운영 책임자, 즉 주군이 신체적·재산적으로 문제가 없어야 국가·기업·가족 전체 구성원들이 안전한 법이다. 다시 말하자면 한 조직을 이끄는 리더이자 최고 책임자의 안전은 구성원 전체의 안전에 영향을 미친다는 의미이다. 최고 경영자가 바로 구성원들의 생계와 안전을 책임지는 자리이기 때문이다.

필자가 다니는 회사는 종업원이 1만여 명이나 된다. 이들 구성원의 일터가 정상적으로 유지되려면 주군의 안전이 선행되어야 한다는 점은 불문가지(不問可知)다. 글을 쓰면서 공식적으로 주군이라는 표현을 쓴 것은 적절치 못하지만, 독자들에게 좀 더 각인되는 용어를 쓰고자 했다. 널리 혜량하여 주시길 당부 드린다.

또 다른 예를 들어 보자. 대통령의 경우를 이야기해 보겠다. 어떤 대통령은 성향에 따라 혹은 국민들에게 더 가까이 가려고 완벽한 경호도 없이, 심지어 수행원과 경호원들도 배제하고 국민 속으로 다가가려 할 수도 있다. 이는 국민과 좀 더 원활한 소통과 함께 친근하고 부드러운 이미지를 심어 주려는 데서 이루어지는 것으로 볼 수 있다. 하지만 이런 시도는 원칙적으로 잘못된 방향이다. 대통령은 개인이 아니기 때문이다. 개인이라면 신변 안전에 사고가 나면 그것은 오직 개인의 문제로 치부될 수 있다. 하지만 대통령의 안전은 국가 안보는 물론 국민 전체의 안전과도 직결된다. 그래서 비서실이나 경호실이 특별히 보호에 나서는 것이다. 이런 행위는 아부 내지 지나친 행동이 아니라 당연히 행해야 할 의무인 것이다.

재난안전관리 교육 모습

100년 만의 강남 '물 폭탄' 악몽, 유례없는 태풍에 속수무책

책상 앞에 쪼그리고
앉아 밤을 지새다

성취감은
자긍심으로 돌아온다

옛말에 '가는(가던) 날이 장날이다'라는 속담이 있다.

"안전 관리 담당 직원, 전원 비상 대기!"라는 외침과 동시에 저녁 8시 사무실로 복귀했다. 24시간 365일 매일 긴장과 두려움으로 지낸 일상을 뒤로한 채 모처럼의 여유를 갖기 위해 하계휴가 첫날을 맞은 필자의 일상 이야기다. '필자 사전에 휴가란 없다'라는 명제(?)가 이번에도 성립되었다고 해도 무방하겠다.

'102년 만의 물 폭탄', 2022년 8월 8일 오후 8시, 숫자의 조합도 묘

하다. 100여 년 만에 강남구·서초구를 중심으로 한 서울과 인천, 경기 등 수도권과 강원 일대에 하루 100~300㎜의 폭우가 쏟아졌다. 오후 11시경에는 일부 지역에서 380㎜를 기록 중이었다. 퇴근길 버스 안의 물바다는 물론 퇴근하던 자가용 차량 수백 대가 물에 빠져 뒤엉켜 있었다. 귀가를 포기하고 사무실 근처 숙박업소를 찾는 직원들로 북새통을 이루었다. 심지어 폭우에 쓰러진 가로수를 정비하던 구청 공무원의 감전사도 있었다. 도로 곳곳에는 "이게 무슨 일이야! 하늘에 구멍이 난 것 같다. 움직이지 말라. 떠내려간다. 어어, 차가 물에 뜬다"는 둥 시민들의 비명소리가 여기저기서 들려왔다. 강남고속버스터미널을 중심으로 대부분의 건물이 도로 배수관에서 역류한 빗물로 지하 층이 침수되고, 정전 사태까지 빚어졌다. 필자가 몸 담은 회사도 인간의 능력으로는 해결이 불가능한 무시무시한 자연재해를 비켜 갈 수 없었다. 본사가 강남에 위치한 때문이다.

2022년 8월 8일 서울 강남 일대가 홍수로 큰 피해를 입었다(참고 사진 출처 : 조선일보 아카이브)

우리나라 연간 총 강수량이 1,000~1,300㎜인 것을 감안하면, 1년간 내릴 비의 약 30%가 단 하루에 내린 셈이었다. 재난안전관리 업무를 다년간 경험해 본 필자로서는 이 같은 자연재해를 사회적 재난보다 더욱 심각하게 받아들일 수밖에 없다. 자연재해는 예기치 않게 갑자기, 돌발적 형태로 발생하는 데다 사회적 재난과는 달리 예방 및 대비에 한계가 있기 때문이다. 특히 기후 변화로 대형 재난이 복잡하고 다양하게 기하급수적으로 늘어난다는 사실은 불문가지다.

물론 그렇다고 손을 놓고 기다릴 수는 없다. 아무리 예방과 대비가 어렵다 할지라도 인간의 힘으로 할 수 있는 일은 해야 한다. 그것은 민·관 영역이 따로 없다. 모두가 힘을 합해야 한다. 작금의 현실은 재난안전관리에 있어서도 거버넌스(governance)가 매우 중요하다. 아울러 필자가 3대 역량으로 설정한 순발력, 창의력, 판단력이 적극 발휘될 때 태풍, 폭우, 지진과 같은 자연 재난 관리에도 효율성을 더해 준다.

그런데 실상과 현실은 어떠한가. 강남 물 폭탄 이후 관계 당국의 대책만 보더라도 많은 문제점을 노출하고 있다. 여기서 정치적 이야기를 논하고 싶지는 않다. 또 해서도 안 된다. 그런데 정작 재난 사고가 나면 정치권이 오히려 정치적 논리로 몰고 간 사건이 얼마나 많은가. 정도의 차이는 있을지언정 보수, 진보 가릴 것 없이 똑같다. 지금 이 순간, 이태원 참사도 그런 조짐이 보인다. 그래서 정치적 이야기가 싫은 것이다. 그래도 한마디 짚고 넘어가자. 뒷북 행정과 재난관리 업무가 정치 논리로 인해 제대로 안 돌아간다면 심각한 문제다. 그로 인한 피해는 고스란히 국민에게 돌아가기 때문이다. 언론 보도에 따르면 강남 물 폭탄 이후 서울시가 2027년까지 수도 중심지인 강남과 광화문 일대에 '빗물 터널'을 재추진한단다. '대도심 빗물 터널'(빗물 저류 배수 시설)은 원래 2011년 추진하려다 시장이 바뀌면서 무산된 시설이다. 지하 40~50m 깊이에 10m 크기로 만든 대형 배수관을 매설한다는 계획이다. 비가 많이 내릴 때 빗물을 저장했다가 내보낼 수 있는 저류(貯留) 기능도 겸한 시설이다. 그 같은 시설이 당초 계획대로 추진되었다면 강남 물 폭탄 피해는 막을 수 있었을 것이다. 정치 논리에 의한 뒷북 행정이지만, 그래도 2027년까지 재추진된다니 다행이다.

다시 필자 이야기로 돌아가자. 사건 당일 필자는 공직 생활을 하면서 제대로 누리지 못한 하계휴가를 민간 기업에서 모처럼 힐링의 기회로 삼자며 내심 흥분한 상태였다. 그래서 과거 근무 당시 연고 지역을 중심으로 휴가 장소도 물색해 놓은 상태였다. 하지만 휴가 시작 첫날의 기상 예보와 실제 날씨는 힐링을 향한 들뜬 가슴과는 정반대 느낌으로 다가왔다. 평소 안전 관리 업무를 하면서 남들이 갖지 못한 나름의 촉이 생겼다. 그 촉 때문에 휴가지로 떠나지 못한 채 자택에서 비상 대기하기 일쑤였다. 예상대로 폭우가 시작된 저녁 8시에 직원들에게 비상 연락망을 가동시킨 동시에 사무실로 무거운 발길을 돌렸다.

그날의 비상근무는 결과적으로 본사 건물 침수 피해 최소화는 물론 퇴근 직원들의 대중교통 이용 유도 등으로 인명 피해를 막을 수 있었다. 보람된 하루였다. 야전 침대도 없는 사무실에서 책상에 쪼그리고 앉아 꼬박 밤을 지새면서 이룬 성취감이었다. 그 같은 성취감은 안전 경영 책임자로서의 책임감과 맞물려 조화를 이루니 만족감이 배가되었다. 여기서도 독자들은 또다시 '그 정도는 누구든 하는 게 아니야?'라며 반문할지 모른다. 하지만 강남 물 폭탄 대비 비상근무에서 얻고자 한 셀프 함의는 이렇다.

첫째, 폭우 피해 상황과 규모 등 재난 사건 자체를 논하고 싶은 게 아니다. 비상 상황에 대비한 안전 경영 책임자와 직원들의 근무 자세 및 태도를 강조하고 싶은 것이다. 둘째, 필자가 재난안전관리 3대 역량으로 강조하는 순발력, 창의력, 판단력의 중요성을 입증했다는 점이다. 이 부분은 더욱더 힘주어 강조하고 싶다. 실제로 정부의 재난관리 담당 공무원조차도 재난 사건이 발생하면 '최초 보고를 언제 했느냐?', '중대본은 몇 시에 가동했느냐?', '비상근무는 몇 시에 착수하였느냐?', '누구한테까지 보고했느냐?', '누구까지 보고 받았느냐?' 등등 가장 기초적인 '근무 자세'가 논란이 되는 것을 국민들이 생생히 지켜봤을 것이다.

순발력, 판단력 이야기가 나왔으니 한마디 더하자. 강남 물 폭탄 당일, 뉴스 전문 채널에서는 밤 11시경 "관리에 만전을 기하라"는 정부의 재난안전관리 책임자의 당부 멘트가 흘러나갔다. 당시 필자의 회사는 폭우와 동시에 비상 연락망을 가동하면서 재빠르게 사무실로 출근했다. 필자는 출근 과정에서 정부 관계자에게 '정부의 움직임이 좀 늦다'라는 의견을 제시한 바 있다. 또한 회사 내부적으로는 '우리 회사도 비상근무에 대한 준비가 아직은 덜 되었구나' 하고 중얼거렸다. 아직까지 야전 침대 하나도 준비되어 있지 않았기 때문이다. 이에 대한 시사점은 독자들에게 맡기겠다.

2022년 10월에 발생한 서울 이태원 참사의 현장(사진 출처 : 조선일보 아카이브)

안전 업무 현장에서는 어떤 유형의 리더가 좋아?

용장(勇將), 덕장(德將), 그리고 지장(智將)

결국은 사안에 따라,
또는 각자 처한 환경에 따라,
그리고 발생한 사건·사고 성격에 따라,
덕장의 덕목과 함께 지장과 용장의
리더십이 접목되어야 한다

:

현업에 지친 어느 무더운 여름날이었다. "친구야, 요즈음 우리 회사에도 크고 작은 안전사고가 많이 발생하다 보니 걱정이 이만저만이 아니네. 혹시 오늘 저녁에 소주 한잔할 시간이 되는가? 가능하면 시간을 내주게…." 전기 및 건설업을 운영하면서 평소 안전 관리 업무에 관심 많던 기업인 친구의 전화였다.

강남 논현동 한 곰탕집에서 만난 그 친구는 신변잡기보다는 현안 업무가 우선 급했던 모양이다. 보자마자 "지난달에도 사고가 났고, 어제 또 사고가 발생해서 골치가 아프네"라며 푸념 섞인 어투로 자사 안전 관리 업무에 대해 이것저것 중얼거렸다.

"우리 회사도 안전 관리 업무가 중요해서 예산도 지원하고, 전문 조직도 만들었지만 별 효과가 없어. 요즈음 느끼는 것이지만 모든 일은 결국은 사람이 하는 것이라 안전 업무도 어떤 사람이 맡느냐가 중요한 것 같아."

서로 안전 업무를 소재로 한창 이야기를 건네던 중 뜬금없이 "안전 관리 업무를 잘하려면 어떤 스타일의 지휘관이 필요하다고 생각해? 다시 말해 '덕장'이야, '용장'이야, 아니면 '지장'이야?"라고 물었다. 학창 시절에 한문 공부와 공자 사상에 관심이 많던 친구다운 질문이었다. 여기에 추가적으로 궁금한 게 있다면서 질문을 던졌다. "정부와 민간 기업에서 동시에 안전 관리 업무를 수행해 본 사람이잖아. 그렇다면 공공 부문(public sector)과 민간 부문(private sector)에서 안전 업무의 차이점은 뭔가?"라며 말을 이어갔다.

나름의 소신을 바탕으로 두 번째 질문에 먼저 답했다. "공직이든 민간 기업이든 안전 관리 업무의 방향성과 추진 내용은 다를 게 없어. 다른 게 있다면 조직 문화겠지. 아무래도 공직은 좀 더 경직된 문화이고, 민간 기업은 어느 정도 유연성이 보장된다는 점이지"라는 요지의 의견을 제시했다.

이어서 첫 번째 질문에 대해서는 좀 복잡하면서도 재미있는 방향으로 답변을 이어 갔다. 일단 전체적으로는 '덕장'이라고 답변했다. 덕장의 사전적 의미는 '덕이 있는 장수'라는 뜻이다. 즉 부하를 포근히 잘 감싸주는 지휘관을 지칭하는 말이다. 통상 일반 사람들은 재난 안전관리 업무 성격상 강한 위계질서가 필요하다고 생각하기 쉽다. 하지만 필자가 재난안전관리 업무 현장에서 수많은 사건을 접하며 경험한 결과, 그 현장에서 체득한 업무 효율성의 핵심 키워드는 순발력, 창의력, 판단력이다(앞 챕터에서 다루었다). 이러한 키워드가 제대로 작동하려면 재난 관리 직원들의 사고 유연성과 자율성이 전제되어야 한다. 그 같은 자율성과 유연성이 작동하려면 지휘관 내지 리더는 덕장의 덕목을 가져야 한다.

다만 관련해서 이야기를 첨언하자면, 재난안전관리는 4단계(예방—대비—대응—복구)로 이루어지는 만큼 각 단계마다 리더의 덕목을 좀 더 세분화 해야 한다. 예방, 대비, 대응 단계에서는 덕장과 지장을 함께 접목하면 더욱 좋은 성과를 얻을 수 있다. 순발력과 창의력, 판단력이 활성화되려면 강한 조직 문화가 오히려 역효과를 가져올 수 있다. 다만 복구 단계에서는 체계적이고 일사불란한 업무 수행이 필요한 경우가 많기 때문에 때로는 용장이 필요할 것이다.

안전 관리 업무에서 덕장이 필요하다고 해서 지장과 용장이 전혀 무관하다는 의미는 아니다. 지장의 사전적 의미는 '지혜 있는 장수'라는 뜻이다. 필자가 강조하는 창의력, 판단력을 위해서는 지장의 리더십도 필요하다. 안전 관리 업무 방향성을 추구할 때나 사고 발생 시 지혜와 기지가 필요하기 때문이다. 용장의 사전적 의미는 '날쌔고 용맹스러운 장수'다. 즉 힘과 권력을 무기 삼아 부하를 엄하게 다룬다는 뜻이다. 맹장과 같은 뜻이다. 따라서 전체적인 흐름에서는 덕장이 필요하지만 각 사안에 따라, 또는 각자 처한 환경에 따라,

발생한 사건·사고 성격에 따라, 때로는 지장과 맹장의 리더십을 접목하여야 한다.

재난 업무 현장에서 리더십은 더욱 중요해진다. 사진은 안전 교육 모습

소통의 미학

재난안전관리 성과와 효율성의 '화수분'

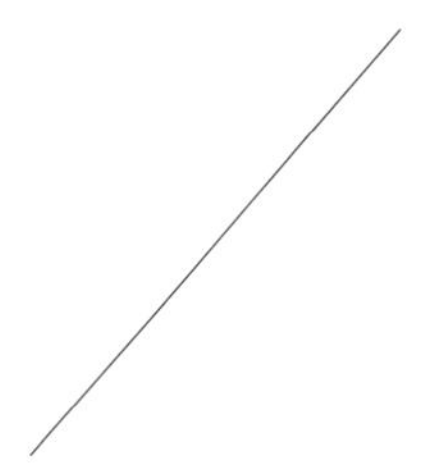

소통만 잘 이루어진다면 해결되지 않는 문제란 없다

'소통'이라는 단어가 가져다 주는 힘은 대단하다. 좀 과장된 이야기지만 인간사에서 가히 핵폭탄보다 위력이 세다 할 수 있다. 이 말에 이의를 제기하는 사람이 있다면 그는 지금까지 세상사를 살면서 제대로 된 소통을 안 했다고 고백하는 것이나 마찬가지다. 다시 말해 소통만 잘 이루어진다면 해결되지 않는 문제가 없다는 의미다. 의심의 여지없이 소통은 움직이는 생명체에는 모두 적용된다고 할 수 있다. 거듭 강조하지만 그것은 모든 현안을 해결해 주는 특효약이다.

소통의 주제를 또다시 필자가 소속된 회사의 최고 경영자 이야기와 접목해 본다. 글 속에서 최고 경영자 이야기를 자주 들고 나오는 이유는 현재 필자가 생생하게 느끼고 목격하는 실제 장면이기 때문이다. 따라서 독자들에게 먼저 양해를 구하면서 이야기를 풀어 본다. 필자가 소속된 회사는 조직 성장 동력으로 ① 주인 의식, ② 애사심에 큰 비중을 두고 있다. 아울러 조직 문화의 핵심 변수이자 최고의 덕목은 '소통'이다. 이는 최고 경영자의 강력한 의지이자 소신이다. 내년도 업무 방향성을 설정하고 논의하는 지금 이 순간에도 핵심 키워드는 온통 소통이다.

소통은 아무리 강조해도 넘침이 없다. 소통이 '왜 중요한가'를 다른 사례를 들어 이야기해 보겠다. 우선 정치적으로 과거를 회상해 보자. 역대 대통령들은 후보 시절 한결같이 소통의 필요성을 외친다. 특히 대중 연설에서는 더 크게 목청을 높이곤 한다. 심지어 국민들과 포장마차와 재래시장에서 마주하며 국민들의 애환을 듣겠다고 외친다. 야당 대표와 심야 불시 데이트도 하겠다고 설파한다. 국회도 수시로 찾아가 막걸리 대화도 서슴지 않겠다고 강조한다. 하지만 정작 대통령이 되면 구중궁궐에서 나오지 않으면서 불통 이야기가 매일 뉴스 전파를 탄다.

그 이유는 무엇일까? 소통의 의미와 중요성을 제대로 이해하지 못한 채 정치적 구호로만 외쳤기 때문이다. 물론 여기에는 청와대 건물의 구조적 문제●(공간적 거리)도 한 원인이 되었을 것이다. 청와대 근무 경험이 있는 필자로서는 이 부분에 대해서는 다른 글에서 다

● "대통령 집무실 개조해야", 〈중앙일보〉 사설, 2017. 1. 19.

룰 예정이다. 이러한 소통의 문제점을 인식해서인지는 몰라도 윤석열 대통령은 당선 당시 대통령실 내 소통의 문제점을 인식하고 하드웨어적(공간적 거리, 구조적인 문제) 문제와 소프트웨어적 문제점을 동시에 개선한다는 입장을 밝힌 바 있다. 한 언론사● 보도에 따르면 대통령실은 미국 백악관의 소통 방식을 원용하여 집무실 핫라인 버튼을 만들고, 대면 보고자 범위도 늘린다는 입장을 밝히고 있다. 이는 실천 여부도 중요하지만, 시도 자체만으로도 소통의 중요성과 필요성을 인식하는 것으로 봐야 할 것이다.

또 다른 예를 들어 보자. 자식이 결혼한 2대 가족이 한 지붕 아래에서 살 경우 가장 걸림돌이 되는 것이 고부간 갈등이다. 즉 시어머니-며느리 관계다. 시아버지-며느리 관계도 마찬가지다. 이들 관계는 가장 긴장을 전하는 관계인 동시에 어려운 관계인 것이 사실이다. 그것은 태어나고 자라 온 환경이 다르고, 근본적으로 혈육이 다른 사람이 가족이라는 명분으로 물리적·화학적으로 결합되었기 때문일 것이다. 하지만 그러한 고부간 갈등도 흔히들 '~하기 나름'이란 이야기가 회자되고 있지 않은가. 이 역시 소통의 문제를 이야기하는 것이다. 100퍼센트 통용되진 않더라도 많은 부분에서 진실한 소통이 불편한 관계를 긍정 관계로 발전시킬 수 있다는 의미다. 소통이 해결의 출발점이 되어줄 수 있다는 의미가 내포되어 있다.

근본에서 빗나간 이야기가 좀 길어진 측면이 있다. 소통의 본질은

● "尹, 백악관식 소통구상… 집무실 '핫라인' 버튼 만든다", 〈중앙일보〉, 2022. 3. 22.

상대방과의 '관계' 형성이다. 관계 형성은 '노력'의 결과물이다. 그리고 내가 먼저 손을 내밀어야 한다. 어떻게? 상대방의 마음을 사로잡는 자세와 태도로 말이다. 상대방의 마음을 사로잡지 못하는 소통은 소통이 아니다. 그것은 단지 성과와 결실 없는 대화일 뿐이다. 경우에 따라 대화가 소통이 될 수도 있고, 형식적인 말장난에 불과할 수도 있다.

다른 이야기지만 공직 생활 중 안보 업무에도 발을 담근 필자의 입장에서 보면 역대 남북 대화가 성과를 보지 못한 이유는 간단하다. 소통이 아니라 그냥 대화를 했기 때문이다. 진정한 소통은 상호 공감 능력이 있어야 한다. 그 공감 능력은 상대방의 이야기가 실익이 없는 내용이라 할지라도 얼굴을 빤히 쳐다볼 정도로 눈길을 마주하며 진지하게 경청하는 자세를 보여줘야 한다.

투정 부리는 아기를 상대로 엄마가 진지하게 경청해주는 자세는 소통의 본질을 이야기하는 좋은 사례가 될 수 있다. 아기에게 무력으로, 격한 용어로, 무서운 자세로 혼을 내는 엄마는 악마로 비춰질 것이다. 그 대신 진지하게 경청하면서 진솔한 대화를 나누는 엄마는 그 아기에게 천군만마와 같은 구세주일 것이다.

또한 소통하는 과정에서는 상대방 이야기가 들을 만한 가치가 있다고 여긴다면 가슴으로 받아들이는 자세를 보여야 한다. 의견이 다르고 상식에서 벗어난 이야기를 하더라도 그냥 무시하지 말고 합리적으로 이의 제기를 하는 자세를 보이면 된다. 그것이 소통이다.

소통이라는 화두를 필자의 본업인 안전 관리 업무에 대입시켜 보겠다. 비록 필자가 직접 관리한 안전 업무는 아니지만, 최근에 빚어진 '이태원 참사'를 예로 들어 보자. 소통 절차와 내용이 얼마나 중요한지 여실히 증명되고 있지 않은가? 사건 자체와 수습 과정은 물론, 이후 벌어진 책임성 문제도 모두 소통의 부재에 따른 결과물이다. 일단 언론 보도를 통해 제기되는 핵심 화두가 소통의 중요성이다. 위험성을 인지하고 사전에 신고한 시민과 소통만 제대로 이루어졌다면 사고를 미연에 방지할 수도 있었다는 증거가 숱하게 나오지 않았는가. 또한 사고 발생 이후 상황 보고 시스템, 재난안전관리 공직자들의 대응 자세(지연 대응 및 안일한 근무 태도) 등 모든 문제는 소통 부재, 소통 결핍에 따른 것이다. 재난 사고 대응 업무에서 소통을 이야기할 때 가장 주목해야 할 대목은 '신속 상황 보고 및 전파, 거버넌스 대응 체계'라 할 수 있다.

개별 주제로 이야기하겠지만, 필자가 재난안전관리 현장 경험을 토대로 나름으로 정립한 마음의 자세가 있다. 앞선 챕터에서 언급한 것처럼 핵심 키워드는 순발력, 창의력, 판단력이다. 이 3대 핵심 키워드는 모두 소통을 기저로 하고 있다. 결론적으로 말하자면 재난안전관리의 효율성과 성과를 극대화하기 위해서는 소통을 최우선 과제로 실행해야 한다는 의미다. 그 소통은 안전 관리 업무자 간에 24시간, 365일 상시적이면서도 자율적으로 이루어져야 한다. 그래야만 소통이 만병통치약으로 작용할 수 있다.

지금까지 필자의 사적 의견을 토대로 소통을 이야기했다. 그렇다면 객관적으로 소통이 어떤 원칙에 의해서, 어떻게 이루어지는 것이

바람직할까. 다음과 같이 정리해 보고 싶다. 소통은 많이 하면 할수록 좋다는 의미로 볼 때 '유익한 원칙'이라 해도 부끄럽지 않을 것 같다.

안전 관리 현장의 '블랙홀', 워라밸과 비상근무

나는 꼰대, 너는 MZ! 사고(思考)와 문화가 충돌할 때

디지로그(Digilog)가
답이 될 수 있을까?

"안전 관리 업무는 근무 자세부터 달라야 합니다."
"24시간, 365일 비상근무 체제가 되어야 합니다."
"시대가 바뀌어도 변하지 않는 게 안전 관리 업무입니다."

초롱초롱한 눈빛으로 예의 주시하는 MZ세대 직원들(알파세대가 없어서 다행이다)을 바라보며 '꼰대' 지휘관의 잔소리는 이어졌다. 아니, 어쩌면 학생들이 그리도 싫어하는 교장 선생님의 훈시였다. 갑자기 옆으로 새는 이야기 한 가지만 더해 보자. 필자의 큰아들이 서른두 살, 둘째가 서른 살이다. 문득, 마치 아들과 마주한 훈계의 자리라는 느낌이 드는 순간, 목소리 톤이 점점 강도를 더해 갔다.

"MZ세대라고 다를 바 없습니다."
"재난 발생은 시공간을 초월합니다."
"오히려 첨단 과학 문명이 발달하면 할수록, 도시화가 진행되면 될수록, 재난은 복합성과 다양성을 더해 기하급수적으로 늘어날 것입니다."
"여기에 기후 변화는 가속 페달 역할을 할 것이고…."

이야기를 이어 가던 중 내심 재난안전관리 업무의 환경적 바탕 이야기는 이 정도로 하면 될 것이라 생각했다. 이어서 이러한 변화의 흐름 속에서 안전 관리 업무 직원들의 근무 자세에 대한 주관적인 생각들을 마구 쏟아내기 시작했다.

"그러면 이러한 재난을 관리하는 직원들의 자세는 어떠해야 할까요? 꼰대 세대가 다르고, MZ세대가 다를까요? 물론 다른 게 많지요. 관리 업무를 풀어 나가는 방향성에서부터 다를 수 있지요. 특히 근본적인 관리 방법론이라든지, 관리 시스템, 특히 IT를 기반으로 한 관리 체계를 운영하는 측면에서 많은 차이점을 드러낼 수 있지요. 게다가 사고력과 관리 기술적인 측면에서 많은 차이가 있을 수 있고요."
이쯤 되니 MZ세대 직원들이 슬슬 머리를 긁기 시작하지 않을 수 없는 장면들이 이어진다.

"하지만 재난안전관리 현장에서는 예나 지금이나, 또는 미래에도 바뀌지 않는 게 있습니다. 우선 일반 직원들과는 정신적·육체적 공간을 달리해야 합니다. 즉 시도 때도 없이, 무시로 이루어진다는 점입니다."

"핵심 구절로 이야기하자면 재난 관련 업무는 내일이 없습니다. 다른 업무는 미뤄서, 심지어 몰아서 목표 달성만 이루면 되지만, 재난 관련 업무는 오직 지금일 뿐입니다. 경험상 휴일이나 연휴, 그리고 심야 시간에 사건·사고가 더 많이 발생합니다. 재난안전관리 업무가 아무리 IT가 접목된 첨단 과학 문명을 기반으로 이루어진다 하더라도 궁극적으로는 물리적 공간, 즉 현장 중심으로 이루어져야 합니다. 매일 모니터링과 일일 상황 보고는 당연한 것이고요."

듣기 싫은 꼰대의 연설이 지겹도록 이어져도 한 점 흐트러짐 없이 귀를 쫑긋하여 끝까지 경청하고 있다. 가슴 한편으로는 고마울 따름이다. 필자가 자신의 말에 스스로 도취되어 목소리가 커졌음에도 너그러이 인정해준 태도 말이다.

지금까지의 이야기는 방송 드라마로 말하면 예고편이었다. 전체 줄거리 중에서 특정 장면과 상황이 지나치게 길게 노출된 느낌이다. 이제는 좀 더 주제에 맞는 이야기로 들어가 보자. 글을 쓰기 위해 키보드를 두드리고 있는 이 순간에도 대중 매체는 요란하다. 특히 방송과 인터넷 매체를 통해 MZ세대에 대한 이야기가 쏟아지고 있다. 워라밸, 주 52시간, 주 4일 근무, 메타버스 근무, 재택근무 등의 이야기 말이다.

하지만 현실은 이러한데 재난안전관리 업무의 근무 환경적 기반은 아직까지 꼰대세대를 벗어나지 못하고 있다. 아니 위에서 언급했다시피 영원할지도 모른다. 불가항력적(不可抗力的) 기반이다. 여기서 꼰대와 MZ의 문화적 충돌이자 사고의 충돌이 발생한다. 이러한 충돌은 소통 과정을 통해 새로운 문화로 창출하느냐, 즉 융합(convergence)할 수 있는가를 결정지을 수 있다. 새로운 청년 세대에게 "안전 관리 업무를 운명으로 받아들일 용기가 없으면 떠나라"고만 할 수는 없지 않은가? 이것은 어쩌면 영원히 미제로 남을 수도 있다. 하지만 길을 찾아야 한다. 그런데도 답을 도출하기가 쉽지 않다. MZ세대의 의견을 충분히 경청하는 데도 말이다.

재난안전관리 현장에서 꼰대와 MZ의 갈등 실태를 솔직 담백하게 담은 기사가 눈에 띈다. 〈소방방재신문〉의 '제60주년 소방의 날' 특집 기획 기사(2022년 11월 21일) 내용을 발췌해 전해 본다. 〈119플러스〉 창간 3주년 특집 기사였던 '90년대생 소방관이 온다'에 대한 대항 기사로 '꼰대도 할 말 있다'라는 제목이었다.

"기성세대 소방관들은 조직을 위해 나와 가정을 포기했는데, MZ들은 개인을 더 중요시하는 것 같다."

"기성세대들은 사무실 업무가 우선인데, MZ들은 취미 생활, 즉 여가 생활을 먼저 한다."

"기성세대들은 일사불란하고 절제된 문화인데, MZ들은 일반 회사처럼 자유분방하다."

"우리는 그래도 일은 하는데, 요즈음 것들은 왜 그런지 몰라."

"우리 세대는 하기 싫어도 무조건 하는데, 그들은 하기 싫으면 싫다고 하더라."

"당당한 후배들이 부럽기도 하지만, 당당함 뒤로 숨어 버리는 모습은 비겁한 행동이다."

"그들은 안전하고 유기적인 현장 활동을 위해 부족하거나 필요한 걸 배우려 하는 적극적인 사고와 자세가 부족하다."

"소중한 조직과 함께한다는 의미를 경시하고, 개인주의 이론을 본인의 입맛에 맞춰 하려 한다. 개인주의와 싸가지를 혼동한다."

"기성세대들은 소방관이라는 직업을 버리고 다른 일을 하는 것이 어렵지만, 그들은 꿈을 찾기 위해 그만두기도 한다."

"우리는 상관으로부터 부여받은 임무를 닥치는 대로 하는 게 미덕이자 당연한 것으로 생각했는데, 그들에게는 왜 해야 하는지 설명해야 한다."

이에 앞서 MZ세대들은 〈119플러스〉 창간 3주년 특별 기획 인터뷰(2022년 5월 20일)를 통해 자신들의 인생관과 직업관을 중심으로 꼰대들에게 비판적인 목소리를 쏟아냈다. '버릇없다', '개인주의가 심하다', '이기적이다', '협동심과 인내심이 없다'고 다그치는 꼰대들을 이해할 수 없다면서 말이다. 그들의 주장도 들어 보자.

"내 인생에서 가장 중요한 것은 행복하게 사는 것, 내 자유권이 침해 당하지 않는 것이다."

"직장과 가정, 취미가 균형을 이루어야 한다."

"선배들은 경험과 요령을 중요시하는 반면 우리는 규정을 중요시한다. 관점이 다르다."

"불합리한 관행을 무비판적으로 따르는 선배들이 답답하다."

"선배들은 단체, 공동체를 우선적으로 생각하지만, 우리는 개인의 삶을 우선시한다."

"우리는 무조건적 희생이 아닌 정당한 대가를 원한다."

"실력도 없이 현장의 작은 경험으로 직원들을 곤경에 빠뜨릴 때, 무분별한 회식을 강요할 때, 잘 모르는 것에 대해 가르침 없이 면박만 줄 때, 근무 외 시간에 업무를 강요할 때, 말의 일관성이 없을 때, 자신에게만 관대할 때 꼰대의 진면목을 볼 수 있다."

하지만 MZ세대 모두가 기성세대를 무조건 비판하고 싫어하는 것만은 아니다. 이들 역시 '현장 출동 시 협동심을 발휘할 때', '서로 고생했다고 격려할 때', '함께 운동하며 공통 주제를 찾을 때', '부모님을 생각할 때', '업무에 대해 서로 인정할 때' 깊은 동질감을 느끼는 것으로 나타났다.

이처럼 재난안전관리 업무의 핵심 공무원인 소방관들의 세대 간 갈등의 현장에서도 필자가 본 챕터의 제목에서 제시한 사고와 문화의 충돌을 생생히 느낄 수 있다. 그러나 다음 내용을 접하면 너무 실망할 단계가 아니라는 사실도 밝힌다. 소방관들은 ① 큰 화재 등으로 시민을 위해 출동에 나설 때, ② 훈련 등 소방 본연의 업무 추진 시 사명감이나 직업의식을 같이 나타날 때, ③ 재난 현장에서 수습 활동을 할 때, ④ 출동 벨이 울려 신속하게 현장을 갈 때, ⑤ 큰 화재 현장 등 어렵고 위험한 일을 하면서 서로 돕고 협력할 때, ⑥ 재난 사고를 리뷰하면서 더 나은 해결책을 찾으려고 노력할 때, ⑦ 현장 출동을 마치고 고생한 것에 대해 서로를 격려할 때, ⑧ 2인 1조로 출동할 때, ⑨ 나보다는 너를 우선하고 우리가 하나 됨을 느낄 때 강한 '동질감'과 '동료 의식'을 느낀다는 사실 말이다.

어쨌든 소방관들의 애환에서 나타나듯 재난안전관리 현장에서도 세대 간 갈등과 충돌은 그 해결 방안을 찾기 쉽지만은 않은 게 사실이다. 그러나 오늘도 달리고, 내일도 달려야 한다. 가장 손쉽게는 '물질적 보상'을 대안으로 떠올릴 수 있지만, 물질적 보상으로는 한계에 부딪친다. 왜냐하면 MZ세대는 '워라밸(일과 삶의 균형)'을 중시하니까! 따라서 궁극적으로는 소통과 공감, 감성, 그리고 주인 의식과 애사심 등으로 풀어갈 수밖에 없다.

이를 위해 안전경영 총괄 책임자인 필자는 지금 이 순간에도 청계천으로, 한강으로, 강남 사거리로, 홍대입구로, 맛집 골목으로, 카페로, 공연장으로, 스포츠 현장으로 발길을 돌리고 있다. 이 대목에서 "24시간 비상근무 체제라면서… 어디서 그런 여유를 부리나?" 하고 질문할 것이다. 하지만 지금까지 살아온 과정을 되돌아보면 주변에서 일 열심히 하는 사람일수록 시간을 알차게 쪼개 여유를 갖고 취미 생활도 잘하는 것을 무수히 보아 왔다. 경영이든, 조직 문화든 트렌드를 읽지 못하면 소통을 접어야 한다. 이 자리를 통해 '오늘부터 MZ세대와 소통의 불씨를 찾아 24시간 정진할 것'을 다짐해 본다.

언젠가 신문 지면을 통해 지금은 고인이 되신 이어령 교수(전 문화관광부 장관)의 인터뷰 기사●를 읽은 적이 있다. 그 인터뷰 기사의 요지는 바로 디지로그(Digilog) 이야기로 기억된다. 즉 디지털(digital) 세대와 아날로그(analog) 세대가 융합을 통해 행복한 공동

● "디지로그 '디지털+아날로그' 시대가 온다", 〈중앙일보〉 신년특집, 2006. 1. 1.

체 생활을 이어갈 수 있다는 전망이었다. 그렇다면 디지로그가 답이 될까? 이 챕터의 주제가 꼰대와 MZ 이야기인 만큼 연관성이 깊다고 할 수 있다. 디지로그는 디지털과 아날로그의 합성어다. 사전적 의미는 디지털 기술과 아날로그적 요소를 융합시키는 것을 말한다.

아날로그 세대는 IT를 중심으로 한 기술적 기반은 부족해도 풍부한 감성과 충분한 삶의 노하우를 갖췄다. 그 반면 디지털 세대는 개인주의를 기반으로 공동체 문화가 다소 약할 수 있다. 하지만 전자기기를 기반으로 한 업무 효율성과 생산성이 높은 세대다. 따라서 아날로그 세대의 감성·지식과 디지털 세대의 기술이 합칠 때 폭발적인 시너지 효과를 가져올 수 있다는 것이다.

재난안전관리 현장에서도 일하는 방식, 근무 환경, 생각의 차이, 방법론의 차이 등을 놓고 기성세대와 MZ세대의 갈등과 충돌이 당연한 현실이다. 즉 사고와 문화의 충돌이 심하다는 뜻이다. 그렇지만 꼰대들의 정신세계 원천이 된 삶의 지혜와 지식, 감성을 디지털 기기를 통한 정보화로 포장한 MZ세대가 어떻게 받아들이고, 수용하고, 조화를 이루느냐 또는 융합하느냐에 따라 재난안전관리의 성과도 달라질 것이다. 결과적으로 말하자면 디지로그가 이루어지면 워라밸과 비상근무가 충돌과 갈등이 아니라 융합과 조화를 통해 효율성과 성과의 자양분이 될 수 있다는 것이다.

지속 가능 성장, ESG 가치를 담다

식품업계 최초 '폐기물 매립 제로' 최우수 등급 검증

기업의 지속 가능 경영 연장선상에서 근로자의 안전적인 측면을 함께 생각하는 다각적인 시각을 가져야 한다

최근 기업 운영의 최대 화두로 떠오르는 것은 지속 가능 경영이다. 이를 증명이라도 하듯이 각 기업은 ESG 경영 활동에 대한 실적을 언론 기관 및 사내 방송 등을 통하여 홍보하고 있다. 이는 기업 내 임직원의 자부심과 자긍심은 물론 소비자나 고객사의 기업 평가에 긍정적 요소로 작용한다.

이 시점에서 독자 여러분들은 궁금해 할 것이다. 재난안전관리, 중대재해법을 이야기하다가 갑자기 지속 가능 경영인 ESG 활동을 언급하니 말이다. ESG는 'Environmental(환경)', 'Social(사회)',

'Governance(지배 구조)'의 머리글자를 따 만든 단어다. 즉, 친환경과 사회적 책임, 지배 구조 개선 등의 가치를 고려해 기업을 운영해야 지속 가능한 발전이 이루어질 수 있다는 철학을 담은 용어다.

지속 가능 경영은 기업 가치의 지속성을 최우선으로 한다. 기업 경영에 있어 과거에는 재무적 성과만 중요시했다. 하지만 현재와 미래는 지속 가능성에 영향을 주는 비재무적 요소가 기업 가치 평가의 척도다. 실제로 비재무적 요소인 근로자 안전은 기업 가치 평가의 중요한 잣대가 되고 있다. 이런 ESG 경영의 핵심적인 기반이 사회적 가치를 창출하는 안전 경영이다. 아직까지 설명이 부족하다고 생각하는 독자들을 위해 적절한 사례를 소개하고자 한다.

2022년 4월 어느 날, 필자가 현안 업무차 자사 계룡공장·물류센터를 돌아보기 위해 이동하던 도중 한 통의 전화가 걸려 왔다. "지금 계룡공장을 향하고 계시지만 현안 문제를 보고 드리겠습니다"라는 한 간부의 자신감 넘치는 목소리였다. 보고는 계속 이어졌다.

"아시다시피 최근 기업들의 최대 관심사가 ESG 경영입니다. 환경, 사회적 가치, 투명 경영을 기반으로 하는 ESG 경영에는 환경이 한 축을 담당하고 있습니다. 우리가 추구하는 안전 경영은 환경 안전을 포함한 사회적 가치를 창출하는 데 있습니다. 그런데 실제로 계룡공장이 폐기물 매립 제로를 달성하고 있어 세계적 인증 기관을 통해 공증을 받고 싶습니다"라는 요지였다.

필자는 그 간부에게 물었다. "폐기물 매립 제로를 달성했다면, 거시적으로 볼 때 환경적 측면 외에 안전 경영 측면에서도 이점이 있을까요?" 간부는 잠시 머뭇거리다가 이내 대답했다. "사내적인 것과 사외적인 것이 있을 것입니다. 우선 사내적인 것은 근무 환경 개선으로 폐기물 담당자의 건강 관리에 많은 도움이 될 것입니다. 즉 종업원들의 산업 재해를 예방하는 데 도움이 됩니다. 과거에는 대부분의 폐기물을 법에 위배되지 않는 선에서 가능한 장기간 보관하는 경향이 있었습니다. 운송 비용 절약 등을 위해서입니다. 이 같은 잘못된 관행으로 인해 날씨와 기온에 따라 폐기물이 부패하여 유해 가스가 발생하는 일이 다반사였습니다. (이렇다 보니) 환경 관리 담당자가 유해 가스 등에 장기간 노출되어 건강에 지장을 초래했던 것입니다. 폐기물 매립 제로가 달성되면 폐기물 재활용 기준에 맞춰 품질을 관리하기 때문에 유해 가스 분출 같은 위해 요인을 사전에 제거할 수 있습니다."

"사외적 측면은 폐기물을 소각하는 경우, 연소 가스가 발생하여 대기를 오염시킵니다. 따라서 이를 소각하지 않고 재활용하면 미세먼지 등 대기 오염 물질을 저감할 수 있어 생활 환경 개선에 크게 기여할 것입니다." 필자는 내심 단순히 물었던 질문에 심도 있는 대답이 돌아와 놀라움과 기쁨이 배가되었다. 그래서 "우리 회사가 환경 안전 관리 업무를 선도해 나갑시다"라고 외쳤다.

이렇게 시작된 '폐기물 매립 제로(ZWTL, Zero Waste To Landfill)' 검증에서 필자의 회사는 식품업계 최초로 최우수 등급인 '플래티넘(Platinum, 100%)'을 획득했다(UL Solutions korea). 식품업계 경쟁사조차 '골드(Gold, 95~99%)' 등급을 받아 플래티넘 등급에는 도달하지 못했고, 모든 업계를 통틀어도 이 등급을 받은 기업은 손에 꼽는다. 이 등급을 받고 난 후, 회사의 친환경 이미지도 크게 제고됐다. 그뿐만 아니라 잠재되어 있던 위험성을 개선하여 근로자 건강 관리와 환경 보존에도 크게 기여하게 되었다.

그동안 업계에서는 자사 공장에서 발생하는 여러 종류의 폐기물을 재활용하는 문제에 대해 많은 고민을 해왔다. 그래서 국제 인증 기관들은 환경 오염의 주범으로 꼽히는 폐기물 재활용 문제에 대해 많은 연구를 했다. 이와 함께 실제로 폐기물 재활용률을 높여 환경 오염을 줄이기 위한 방안으로 인증 제도를 적용해 왔다. 국내에서는 필자가 속한 회사인 ㈜아워홈을 비롯해 엘엔에프, LG이노텍, 삼성전기 등에 검증을 부여해 오고 있다.

폐기물 재활용률 최우수 등급에 대한 언론 보도

아워홈 '폐기물 매립제로 검증' 최우수 등급

송고시간 | 2022-10-13 09:25

(서울=연합뉴스) 신선미 기자 = 아워홈은 계룡공장이 '폐기물 매립 제로 검증' 최우수인 플래티넘 등급을 받았다고 13일 밝혔다.

폐기물 매립 제로 검증(ZWTL)은 'UL 솔루션

재활용 수준을 평가하고

8 서울경제

2022년 12월 24일 토요일

"폐기물 재활용률 100%"…오염 주범 공장의 '착한 변신'

국내 기업 'UL솔루션스 인증' 현황

폐기물 재활용률 최우수 등급에 대한 언론 보도

다만 폐기물 제로 검증을 획득한 각 기업에서는 단순히 폐기물을 재활용한다는 단편적인 시각에서 벗어나야 한다. 기업의 지속 가능 경영 연장선상에서 근로자의 안전적인 측면을 함께 생각하는 다각적인 시각을 가져야 한다는 것이다.

중대재해법은 기업의 안전 보건 조치를 강화하고, 안전 투자를 확대하여 시민과 종사자의 생명, 신체를 보호하는 것을 목적으로 한다. 이 같은 맥락에서 ㈜아워홈은 환경 경영 분야의 하나로 이미 오래전부터 자체 개발한 화학 물질 관리 시스템을 통해 4만여 종의 화학 물질 데이터베이스를 구축했다. 종사자들이 유해 화학 물질에 노출되지 않도록 관리하기 위해서다. 화학 회사가 아닌 식품 회사에서 의무사항이 아닌 화학 물질 관리 시스템을 도입한 것은 이례적이라 할 수 있다. 환경 규제를 준수하여 환경 오염 물질 배출을 저감하고, 동시에 재사용 가능한 자원을 발굴하여 활용함으로써 ESG 경영을 강화하고 있다. 나아가 사내 화학 물질을 통제하여 종사자의 안전과 건강 관리에 만전을 기하고 있다. 이는 궁극적으로 중대재해를 예방하는 초석이라 할 수 있다.

이에 따라 ㈜아워홈은 환경을 기반으로 하는 지속 가능 경영을 확대해 나갈 방침이다. 계룡공장 이외의 7곳도 순차적으로 폐기물 매립 제로 검증을 받을 계획이다. 빵을 생산하는 용인1공장(재활용률 95%)과 어묵, 김 등을 생산하는 용인2공장(80% 미만), 달걀류를 생산하는 구미공장(95%)이 '폐기물 매립 제로(재활용률 100% 목표)' 검증을 받기 위해 만반의 준비를 하고 있다.

Chapter

3

공감 · 감성

집합 근무와 재택근무, 하이브리드 근무
안전 관리 담당자에게 맞는 근무 형태는?

긴장과 두려움의 터널을 뚫어라
어둠 속의 등불, 감성과 공감의 자양분 '여유'와 '힐링'을 품다

아빠! 아버지! 아버님! 그리고 훈장 선생님
긴장 해소의 마중물, 감미로운 감성이 다가올 때

안전이 돈이다. 일등 기업으로 가는 길
한 언론사 기사 제목의 진한 울림

집합 근무와 재택근무, 하이브리드 근무

안전 관리 담당자에게 맞는 근무 형태는?

**심지어 심야, 주말, 휴일 등
24시간, 365일 한결같이
비상근무 체제를 유지해야 한다는 점이
안전관리 담당자의 숙명일지 모른다**

“주 40시간 이상 현장 근무하지 않으면 회사 그만둘 생각하라!”

테슬라 CEO 일론 머스크(Elon Musk)의 이야기다. 이는 시대 흐름으로 등장한 재택근무의 문제점을 이야기하려는 것으로 분석된다. 최근 언론 보도를 보면 애플, 구글 등 미국 유수의 IT 기업을 중심으로 재택근무 또는 하이브리드 근무(혼합 근무)를 늘리고 있다. 이에 반해 일론 머스크는 반대 방향으로 조직 운영 방침을 세운 것 같다.

일론 머스크는 테슬라와 스페이스X 직원들에게 "대면으로 진행하면 금세 끝날 회의도 비대면으로 하면 소통에 지장을 초래한다. 반드시 출근 장소가 테슬라와 스페이스X 사무실이어야 한다", "업무와 무관한 먼 거리 지시는 안 된다", "특히 연차가 높을수록 존재감이 드러나야 한다", "내가 공장에서 많은 시간을 보내는 이유는 생산라인에 있는 사람들에게 내가 함께 일하고 있다는 것을 보여주기 위함이다" 등을 설파했다. 이 대목에서 '재택근무, 원격 근무로는 일을 일답게 할 수 없다'는 일론 머스크의 의도를 유추할 수 있다. 비대면 소통이 감성, 공감 능력을 떨어뜨려 업무 효율성에 부정적인 영향을 미친다는 의미로 받아들이면 될 듯하다.

필자도 일론 머스크 입장을 두둔하고 싶다. 이유는 간단하다. 가끔 지인들과의 사적 소통 자리에서 기업주와 종업원들은 이런 이야기를 즐겨 한다.

"최근 IT를 기반으로 한 기술 혁신과 정보 혁명 덕분에 근무 장소를 특별히 정해 둘 필요는 없다".

일면 일리 있는 말이다. 하지만 공직이든, 민간 기업이든 필자의 경험상 대면 업무가 비대면 업무에 비해 효율성과 생산성이 훨씬 높다. 즉 대면 소통이 아닌 이상 비대면 소통은 공감과 감성 능력이 떨어지며 동시에 업무 의욕도 떨어진다. 업무가 효율성을 가지려면 진정한 소통이 이루어져야 하는데, 비대면 소통은 단지 대화에 그칠 뿐, 진정한 소통까지 나아가지 못한다. 소통과 대화의 차이는 이전 장에서 이야기한 바 있다.

한 기업의 근무 형태는 통상 크게 3가지 형태로 나눠 이야기할 수 있다. ① 집합 근무(출근, 전통 방식), ② 재택근무(원격 근무), ③ 하이브리드 근무(혼합 근무)다. 하이브리드 근무는 개인과 조직으로 나누어 생각해 볼 수 있다. 개인의 경우, 일주일 중 며칠은 사무실로 출근하고, 나머지는 재택근무를 하는 형태다. 조직의 경우, 전체 직원의 ○○%는 출근하고, ○○%는 재택근무를 하는 형태를 취한다. 각각의 근무 형태는 장단점을 내포하고 있다. 다만 어떤 형태든 장점과 단점의 상대적 비중을 따져 봐야 한다. 100%란 없기 때문이다. 업무 특성과 성격에 따라서 달리해야 된다는 점은 당연하다.

효율적인 평가 체계를 갖추지 않은 채 재택근무를 시행하여 성공하지 못한 대표적인 기업이 야후(Yahoo)다. 재택근무가 안정적으로 정착하려면 반드시 효율적인 성과 평가 체계를 갖춰야한다. 그에 따라 그 성과가 좋지 않은 직원이라면 재택근무를 함부로 선택하지 말아야 한다. 심지어 재택근무로 인해 제대로 된 성과를 내지 못한 직원들 가운데는 '외로움과 효율성 저하'를 극복하려고 자진 출근을 희망하는 경우도 있다.

이번에는 재택근무에 실패한 국내 기업들의 사례를 살펴보자. 플랫폼 회사인 A사와 게임 회사 B사 등 IT 기업들은 코로나 팬데믹 이후 재택근무 재검토에 돌입했으며, B사는 2022년 12월 말경 '재택근무를 도입하지 않겠다'라고 공식 선언했다. 다른 게임사들도 대부분 '집합 근무' 체제로 전환하고 있다. 그 이유는 한결같이 재택근무 제도가 회사의 실적 악화를 초래했기 때문이다.

더불어 재택근무 운영이 효율적인지 의문도 크다. 이로 인해 출근과 재택근무를 병행하는 '하이브리드형 근무제'를 도입하기도 한다. 국내 최대 포털 회사인 C사는 전면 비대면 근무와 주 3회 이상 출근 중 선택권을 주고 6개월마다 근무 방식을 바꿀 수 있게 하고 있다. 역시 게임회사 D사와 E사 등은 '보다 긴밀한 소통이 필요하다'라며 재택근무제를 폐지하고, 전사 집합 근무 체제로 전환했다. 재택근무를 용인하는 경우에는 심지어 '급여 삭감'이라는 특단의 조치까지 내렸다. 이처럼 비대면을 기반으로 하는 재택근무는 신입·경력 직원들의 사내 문화 적응이나 업무 교육, 인수인계 등의 걸림돌이 되는 것으로 평가받고 있다. 또한 업무 추진 진행 속도나 소통에 지장을 초래하는 것으로 판단하고 있다.

필자는 회사 내 MZ세대 안전 관리 담당자들과 직접 대화를 해봤다. 재택근무와 하이브리드 근무에 대해 그들이 어떤 생각을 갖고 있을지 궁금했다. 큰 틀에서는 일론 머스크나 국내 여타 기업, 그리고 MZ세대 소방관들의 생각과 별반 다를 게 없었다.

먼저 A직원의 답변부터 들어보자. A직원은 "안전 관리자도 재택근무를 통해 현장 상황을 모니터링하거나 원격 제어하는 등 다양한 방법이 있는 게 사실이다. 그러나 화재 등 각종 사건·사고를 효율적으로 예방할 수가 없다. 비대면 모니터링은 단순 CCTV 역할에 지나지 않는다. 각종 사건·사고도 현장에서 발생하고, 그 원인도 현장에 있다. 그런 현장에 기계들만 존재하는 자동화 시스템이라면 활동 범위가 한정되어 있어 많은 문제점이 나타난다. 따라서 현장에 직접 가서 눈으로 보고 느껴야 안전 관리에 영감을 얻을 수가 있다"는 의견을 드러냈다.

이번에는 소방학을 전공하고 군에서 장교 생활로 안전 관리 업무를 지휘해 본 신입 직원 Y에게 물어봤다. 첫마디부터 단호했다. 그는 "안전 업무를 하는 MZ세대도 현장 업무 중심의 집합 근무가 필수 불가결하다. 그 이유는 안전 분야와 관련된 과거 데이터와 통계, 사건·사고 사례 분석을 통해 직간접적으로 증명되고 있다. 안전 관리 담당자들은 매주 또는 매일 상황을 접하고, 조치하며, 대응하기 때문이다. 다만 안전 업무 관리자에게 인센티브나 자긍심, 자부심 발휘 등 내재적, 외재적 동기를 부여할 필요가 있다. 이는 곧 업무 효율성과 창의성으로 이어진다"라고 힘주어 강조했다.

전기 분야를 전공한 또 다른 안전 관리 담당 P직원도 근본적인 입장에서는 상기 직원들과 같은 의견이었다. 한편으로는 조금 색다른 의견을 덧붙였는데, "회사로서는 특단의 조치로 휴가와 급여 등을 제안하지만 젊은 직원들은 워라밸, 육아 공백 등을 우선시한다. 집합 근무보다는 최소한의 하이브리드 근무가 필요하다"라는 소견이었다.

중간 간부급 P직원도 단호했다. "안전 관리 업무는 위해 요소를 사전에 철저히 검증하는 등 예방이 전부이며, 안전 관리 업무 부서는 현장 중심의 위해 요소 파악과 함께 돌발 상황에 대해 기민하고 신속한 대응이 필요한 곳이다. 그런 만큼 안전 관리 부서의 재택근무는 부적합하다"라는 강경한 입장을 견지했다.

지금까지 국내외 기업들의 근무 형태에 대한 움직임과 함께 집합 근무, 재택근무, 하이브리드 근무의 장단점 등을 살펴보았다. 거기에 더해 MZ세대의 의견도 직접 들어 봤다.

결론적으로 말해 보자. 위기 관리, 재난 관리 등 안전 관리를 담당하는 직원들의 근무 형태는 모든 변수를 고려하더라도 집합 근무가 답이다. 이 문제는 앞선 챕터에서 '꼰대세대'와 'MZ세대'의 비상근무와 워라밸 사이의 갈등과 충돌 부분에서 가볍게 다룬 바 있다. 즉 안전 관리 업무는 시대나 트렌드와는 상관없이 일반 업무와는 근본적으로 달라야 할 물리적, 정신적 속성이 있다는 점을 간과해서는 안 된다. 또한 아날로그를 기반으로 하느냐, IT 등 첨단 과학 문명을 기반으로 하느냐의 문제가 아니다. 물론 기술적 측면이 분명 운영 시스템이나 효율적인 안전 업무 성과 창출에 영향을 미칠 것이다. 문제는 안전 관리 업무는 예나 지금이나, 나아가 미래에도, 그리고 아날로그 세대든, 디지털 세대든 '현장 중심'으로 업무가 이루어져야 한다는 점이다.

심지어 심야, 주말, 휴일 등 24시간, 365일 한결같이 비상근무 체제를 유지해야 한다는 점이 안전 관리 담당자의 숙명일는지 모른다. 적어도 안전 관리를 맡고 있는 담당 직원이라면 재택근무보다 통상적으로 집합 근무가 전제되어야 한다. 경우에 따라서만 하이브리드 근무가 적용될 수 있을 것이다. 단, 비상근무와 심야 업무 등 집합 근무에 따른 노동 강도에 대해서는 별도의 인센티브가 분명히 있어야 한다는 점에 모두가 동의할 것이다.

긴장과 두려움의 터널을 뚫어라

어둠 속의 등불, 감성과 공감의 자양분 '여유'와 '힐링'을 품다

감성을 살리고,
공감 지수를 높이자!
효율적인 안전 관리 업무의
시너지로 승화될 것이다

사람은 누구나 본인에게 주어진 환경과 마주하며 일상을 영위해 나간다. 어쩌면 의(衣)·식(食)·주(住)를 위한 일상이라 할 수 있다. 매일 매일 그 일상 속에서 쳇바퀴 돌 듯 평범하게, 때로는 치열하게 살아간다. 그런 가운데 때로는 기쁨과 환희의 순간도 있고, 슬픔과 낙심의 순간도 있다. 그 기쁨과 환희를 느끼는 순간에는 가슴 한편으로 자신이 마주한 현실을 반추하며 실현 가능성이 있든 없든 상상의 세계를 그려 본 경험이 많을 것이다. 다시 말해 그 세계는 자기 능력으로 이룰 수 있는 내용일 수도 있고, 전혀 실현 불가능한 내용일 수도 있다. 하지만 그 상상의 세계는 현실과는 동떨어진, 즉 이룰 수 없는 비현실적인 내용이 대부분일 것이다. 그러나 넘지 못할 비현실적인 세계도 그냥 상상으로 그려 보라. 상상은 그 자체만으로도 행복한 삶의 기폭제가 된다.

예를 들어 이런 장면을 생각해 보자. 요즈음 다양한 방송 매체에서 '트로트'로 시청자들을 불러 모으는 각종 오디션 프로그램을 경쟁적으로 방영하고 있다. 유명하든 아마추어든, 오디션 상황에서 가수들의 매혹적인 열창은 말할 것도 없다. 그때 모든 시청자들은 감성에 빠져들기도 하지만 흥분하고 열광하는 현장 방청객들의 울고 웃는 모습에서 대리 만족을 느끼기도 할 것이다. 비록 현장에 가지 못한 시청자라도 비대면 소통과 공감을 통해 행복 에너지를 분출한다. 간접 경험도 행복 바이러스가 생성되기 때문이다.

또 다른 이야기를 해보자. 실제로 누구나 다음과 같은 상상을 한 번씩은 해본 경험이 있을 것이다. 방송에 출연한 유명 인사나 연예인들과 마주치거나 드라마 속 멋진 장면을 보았을 때, 또는 길거리에서 스쳐 지나가는 멋있는 사람을 봤을 때를 상상해 보길 바란다. '저 남자와 결혼해 봤으면, 저 여자와 연애를 했다면…?' 또는 '나라도 저랬을 것이다. 나라면 이렇게 하겠다'라는 식의 감정 이입(感情移入)에 빠져들어 본 적이 있을 것이다. 대부분 현실성 없는 비현실적인 상상의 세계다.

중요한 것은 그러한 비현실적 세계를 상상하는 것 그 자체만으로도 감성을 살리고, 공감력을 키우는 핵심 요인이자 자양분이 된다는 사실이다. 다시 말해 행복 바이러스의 원천이 된다. 자기만족, 대리

만족이라는 이야기도 있지 않은가? 이 모든 것은 긍정적인 에너지를 창출한다. 그 긍정적인 에너지는 삶의 활력소가 된다.

그래서 필자도 한때 안마의자에 누워 지그시 눈을 감은 채 전혀 실현 가능성이 없는 일이지만, 행복 바이러스를 위해, 감성을 위해, 공감을 위해 다음과 같은 장면을 상상해 본 적이 있다.

장면1

I have been in love (난 사랑에 빠졌고)
and been alone (외로웠어요)
I have traveled over many miles (안식처를 찾기 위해)
to find a home (먼 곳을 여행했죠)
there's that little place (그곳은 내 안에 있는)
inside of me (작은 공간이었고)
that I never thought could (모든 걸 지배하고 있다는 것을)
……

또는

Starry, Starry night (별이, 별이 빛나는 밤에)
Paint your palette blue and gray (팔레트에 파란색과 회색을 칠하고)
Look out on a summer's day (여름날의 풍경을 내다보네요)
With eyes that know the darkness in my soul
(내 영혼의 어둠을 알아보는 눈을 통해서요)
Shadows on the hills (언덕 위의 그림자들)
……

전 임직원이 모인 대강당에서 한 중년 남성이 단상 위 의자에 홀로 앉아
하모니카 소리와 함께 기타를 치며 'When I Dream at Night' 또는
'Vincent'의 앞부분을 전주곡으로 부른다.

잠시 노래가 멈추더니 마이크를 엄지와 검지로 살포시 잡은 채
감미로운 목소리로 청중을 향해 "이 노래를 ○○○에게 바친다"라며
한마디 던진 후 노래가 이어진다. 이때 여성 청중들은 첫 구절부터
감미로움에 빠져 나지막한 목소리로 "와~, 오~!" 하는 감탄사를 연속으로
뿜어내면서 양팔로 가슴을 감싼다.

한 곡이 끝나고 의자에서 일어나자 청중석에서 우레와 같은
기립 박수가 이어졌다. 그래서 이번에는 주저함 없이 곧바로
단상 한가운데 살포시 서서 갑자기 고요와 적막이 흐르는
대강당의 감성을 한입에 집어삼키듯이 노래한다.

이젠 당신이 그립지 않죠
보고 싶은 마음도 없죠
사랑한 것도 잊혀가네요
조용하게
알 수 없는 건 그런 내 맘이
비가 오면 눈물이 나요
아주 오래전 당신 떠나던
그날처럼
……

'비와 당신'이 감미롭게 펴져 나온다.
(이후의 반응은 각자의 영역으로 상상에 맡기겠다.)

지난해 펼쳐진 2022 카타르 월드컵 결승전은 굉장한 화제였다. 역대 그런 결승전이 있었을까. 같은 장면을 경쟁적으로 중계하는 방송사 아나운서, 해설 위원들의 입에서도 같은 멘트가 쏟아진다. "역대 최고의 결승전… 역대 최고로 재미있는 경기… 역대 최고로 박진감 넘치는 경기…"와 같은 극찬 말이다. 특히 축구의 신 리오넬 메시(아르헨티나)와 세계적 신성 음바페(프랑스)가 짜고 하듯이 서로 한 골씩을 주고받는 모습은 그야말로 각본으로 쓰려 해도 쓸 수 없는 명장면이 아니었던가. 그뿐인가 한 골씩을 주고받을 때마다 '골든부트(득점왕)' 수상자가 왔다 갔다 하는 모습을 어느 PD가 연출할 수 있었겠는가. 게다가 연장전까지 '0:0'이 아닌 '3:3'을 기록하고도 결국 승부차기까지 가는 히트작을 말이다.

눈앞에 닥친 현실은 이러한데 필자의 시선은 TV 화면을 주시하면서도 머릿속에서는 각본 없는 드라마를 쓰고 있다. 비현실 세계라는 점은 두말할 필요도 없다. 그래도 상상하는 것만으로도 입가에 웃음이 절로 나온다.

대한민국이 월드컵 결승전에 올라 8만 관중 앞에서 극적으로 우승한다. 경기 직후 전 세계로부터 연일 찬사를 받는 뉴스로 장식되는 장면을 떠올려 본다. 현실성 없는 상상을 넘어 공상 세계라 해도 과언은 아닐 것이다. 하지만 상상이 무슨 죄인가? 허황된 꿈이라도 그려 보는 즐거움이 있다.

장면2

대한민국이 후반 40분까지 상대팀에게 2:0으로 지고 있다가
마스크 투혼을 벌이고 있는 손흥민 선수가 41분에 1골,
45분에 1골, 후반 추가 시간에 1골을 넣고, 3:2 스코어를 만들어
극적인 역전 우승을 한다.

영웅이 된 손흥민 선수는 눈물을 펑펑 쏟으면서 운동장을
펄쩍펄쩍 뛰어 달리면서 1층 스탠드석 관중들과
일일이 하이파이브를 하고 있다. 이때 32강 가나전에서 한 게임 2골로
혜성처럼 등장하면서 신성으로 떠오른 조규성 선수가 달려왔다.
손흥민 선수를 등에 업고 또다시 운동장을 달리기 시작하자 손 선수는
팔로 태극기를 마구 휘젓는다.

나머지 선수들은 환희의 눈물로 뒤범벅이 된 채 운동장 한가운데
뒤엉켜 감독을 헹가래질하고 있다. VIP석으로 특별 초청 받은
대한민국 대통령은 스탠드에서 FIFA 회장단과 외국 정상들로부터
축하 인사를 받느라 정신이 없다.

필자가 소속된 회사는 종합 식품 회사다. 그 때문에 건설업 등 여타 업종과는 달리 일반 국민들에게 피상적으로 비쳐지는 이미지로는 중대재해와는 거리가 먼 것으로 인식될 수 있다. 하지만 업무 영역이 단체 급식, 식품 제조, 물류, 외식, 호텔 등으로 사업 부문이 다양해 여타 업종 못지않게 중대재해에 각별히 신경 써야 한다. 산업, 시설, 환경, 식품, 위생 등 안전에 대한 위해 요소가 다양하고 복잡하게 얽혀 있고, 이런 위해 요소들이 대형 재난으로 이어질 개연성이 높기 때문이다. 그만큼 안전 관리 업무를 수행하는 데 있어 긴장감과

두려움이 클 수밖에 없다. 특히 중대재해법 시행 이후 사회적으로 큰 파장을 일으킨 각종 재난 사고가 자사에도 그대로 일어날 수 있기 때문이다.

이 같은 긴장감과 두려움은 재난 관리 업무를 수행하는 데 있어 경직성과 동시에 비효율성, 비생산성을 초래하기도 한다. 따라서 재난안전관리의 효율성을 높이고 적절한 업무 성과를 이끌어 내려면 담당 직원들의 여유와 힐링이 필요하다. 특히 워라밸을 추구하는 MZ세대에게는 이런 여유와 힐링이 더욱 절실함으로 다가오고 있다. 그래서 필자 나름대로 정해둔 모토(motto)가 있다. ① '감성을 살려라', ② '공감 지수를 높여라'이다.

필자는 지난 1년간 재난 관리 업무 수행 과정에서 고비 때마다 직원들에게 힐링과 여유를 찾아 주기 위해 백방으로 노력했다. 그러한 의지는 지금도 마찬가지이고, 앞으로도 계속 이어질 것이다.

직원들과 함께 관람한 손흥민 선수의 축구 경기(경기 사진 출처 : 조선일보 아카이브)

누군가 '손흥민'을 이야기하면, 대한민국 국민이면 모르는 사람이 없을 것이다. 갓난아기가 아니라면 말이다. 시쳇말로 얘기해 '손흥민 모르면 간첩이다'라고 할 정도로 인지도가 매우 높다. 축구를 사랑하고, 특히 유럽 빅 클럽들의 프로 경기를 즐겨 보거나 또는 국가대표 선수에게 관심이 있다면 손흥민은 그냥 축구 선수 한 명이 아니라 우상 그 자체일 것이다. 대한민국이 배출한 '월드 클래스'를 누가 사랑하지 않겠는가.

그런 그가 카타르 월드컵 대비 국가대표 평가전을 위해 내한 경기를 한 적이 있다. 관련 소식을 인지한 순간부터 매일 긴장 속에서 안전 관리 업무를 수행하는 직원들이 생각났다. 딱딱하고 힘든 업무를 헤쳐나가는 직원들에게는 힐링과 내적인 감성이 필요하다는 게 평소 필자의 소신이다. 그래서 안전 관리 직원들과 함께 운동장으로 힐링 여행을 가기로 마음을 굳히는 데는 그리 오랜 시간이 필요하지 않았다.

그런 와중에 행운까지 따라 주었다. '하늘은 스스로 돕는 자를 돕는다'라고 했던가. 기대하고 기다린 손흥민 선수의 국가대표 평가전이 고양종합운동장에서 개최되었다. 마침 그날따라 회사가 전사적으로 기획하여 참여하는 이벤트가 일산 킨텍스에서 개최되어 직원들이 방문하기로 예정되어 있었다. 그런데 평가전 운동장과 킨텍스가 바로 허리를 맞대고 있지 않은가. 행운도 이런 행운이 어디에 있겠는가. 그래서 회사 일을 마치고 걸어서 5분이 채 안 되어 경기장에 도달할 수 있었다. 흥분된 마음으로 손흥민 선수가 주도하는 야간 축구 경기를 관람하면서 모두가 함께 웃고 즐겼다. 힐링과 함께 공감과 소통의 자리를 마련할 수 있게 된 것은 큰 행운이었다.

“오늘의 깜짝 이벤트 영원히 잊지 않겠습니다. 이를 계기로 더욱 더 깊은 감성과 소통을 이어가도록 노력하겠습니다.” (Y직원)

“생각지도 않은 깜짝 이벤트에 너무너무 감사합니다. 행복 바이러스를 현안 업무에 마구마구 쏟아붓겠습니다.” (C직원)

“축구 경기를 현장에서 생생하게 관람하면서 즐긴 것은 난생처음입니다. 평생 잊지 못할 추억을 만들어 주셨습니다. 경기 내내 지인들에게 자랑하느라 관람을 제대로 못했습니다.” (L직원)

“정말 감동 그 자체였습니다. 행복한 추억 만들었습니다.” (K직원)

“생애 첫 축구장 관람 경험, 직접 가서 보니 왜 경기장을 찾는지 알 것 같습니다. 소중한 추억 오래오래 간직하겠습니다.” (K직원)

유난히도 무더웠던 여름 어느 날, 지방 사업장에서 현안 업무를 마치고 지친 몸으로 집에 막 도착한 때였다. 평소 야근으로 전전긍긍하던 둘째가 그날따라 조금 일찍 퇴근한 모양이었다. 무거운 발걸음으로 거실에 들어선 아버지를 보자마자 불쑥 “요즈음 MBTI 테스트가 유행인데, 아버지도 한 번 테스트해 보시죠. 5분 정도 짬을 내시면 됩니다”라고 말했다. 그래서 무거운 머리도 식힐 겸 서투른 손놀림으로 테스트해 봤다. 결과는 ‘ENTJ(대담한 통솔자)’였다. 결과를

MBTI 워크숍

보고는 씨익 웃으며 "맞는 것 같기도 하네. 그렇다고 맹신할 내용은 아니네"라고 중얼거렸다.

이것이 계기가 되었을까. 회사 직원들과도 MBTI를 주제로 많은 대화를 나눈 적이 있다. 필자가 속한 회사에는 평소 직원들과 소통하는 '캔미팅(Can Meeting)'이라는 제도가 있다. 재미있고 의미 있는 소통 문화라는 점은 두말할 것 없다. 소통을 좋아하는 직장인이라면 다 아는 이야기일 테지만, 캔미팅이란 '근무를 마치고 술집, 특히 맥주나 와인 바 또는 카페 등에 모여 어떤 주제에 대하여 격의 없이 가볍게 나누는 토론 문화'다. 그런데 최근 몇 년 동안은 코로나 팬데믹으로 대면을 통한 조직 문화가 물리적으로 활성화될 수 없는 분위기였다. 그래서 회사에서는 차선책으로 근무 시간 중에 회의실이나 1층 로비 공간 등에서 티타임을 하는 등 변형된 캔미팅을 진행하곤 했다. 그 시간을 활용해 소통하는 과정에서 MBTI를 주제로 많은 대화를 해봤다. 결과는 대만족이었다.

그래서 또다시 아이디어를 냈다. 사업부별 워크숍 제도를 활용해서 제대로 된 MBTI 놀이(?)를 해보기로 했다. 내용은 이랬다. 안전경영 조직의 경우, 각자의 MBTI 지표를 만천하에 공개할 수 있는 티셔츠를 제작하기로 했다. 비록 부정확한 데이터라 할지라도 자신의 정체성을 상대방에게 밝히면서 소통하는 것이 상대방의 성격과 업무 스타일을 이해하고, 배려하는 데 많은 도움을 줄 것으로 생각했다. 실제로 효과가 기대 이상이었다. 그 행사 이후로 서먹서먹했던 직원들 간의 관계는 날로 친밀도를 더해 갔다. 이런 것이 소통이고, 살아 있는 조직 문화가 아닐까.

"회사에 다니면서 가장 감동스러운 워크숍 및 한마음 단합 대회였습니다. 나눔, 배려, 협력, 관계 지향성을 가슴 깊게 새겨 둡니다." (J직원)

"○○님의 기획력과 추진력, 멋진 티셔츠가 특별한 서프라이즈였습니다. 정말 행복했습니다." (Y직원)

"MBTI가 새겨진 옷 덕분에 서로에 대한 이해도가 높았던 것 같습니다. 역대급 워크숍이었습니다. 덕분에 아워홈에서의 좋은 추억을 하나 더 보탭니다." (C직원)

"코로나 이후 오랜만에 유익한 시간이었습니다. 조직 내 다른

분들과 친밀해지고 소리도 많이 질렀습니다." (L직원)

"워크숍을 통해 다른 팀 업무도 이해할 수 있었고, 여러 팀원과 소통할 수 있어 의미가 컸습니다." (P직원)

"하루 종일 행복감을 느꼈으며, 조직 생활을 하면서 소속감을 느껴 보기는 처음이었습니다. 워크숍이 자주 있으면 좋겠습니다." (K직원)

"저희 조직은 아워홈을 오래 다니신 분, 새로 오신 분이 혼합되어 있는데, 이번 소통의 자리를 통해 깊은 동료애를 느낄 수 있었습니다." (K직원)

"힘든 업무를 하면서도 자긍심을 갖게 해주고, 버팀목이 되어 주셔서 감사합니다. 동료애와 소중함을 동시에 느꼈습니다." (L직원)

"이번 워크숍은 소속감과 자부심을 느끼게 한 것이 최고의 가치였던 것 같습니다." (B직원)

"아직 조직 생활이 일천하여 처음에는 워크숍의 의미를 몰랐으나, 이제야 진정한 가치를 알게 되었습니다." (S직원)

"한마음 단합 대회와 워크숍처럼 늘 소통과 팀워크를 발휘해 주기를 기대합니다. 소속감과 단합력을 키울 수 있었습니다." (C직원)

직원 간 감성과 공감을 토대로 여유와 힐링을 가진 사례

이왕 MBTI 이야기가 나왔으니 마무리하는 시점에서 다른 차원의 이야기도 곁들이고 싶다. 외국의 특정 업체가 고안해 낸 MBTI가 '유용성'과 '부작용'이라는 양면성을 동시에 갖고 있다는 점이다. 유용성 때문에 실제로 국내 대기업 등을 중심으로 직원 채용 때 MBTI를 활용하는 사례가 많다. 도움이 될 수도 있지만 부작용도 많다. MBTI만 가지고 사람의 능력과 자질을 맹신하면 안 되기 때문이다. 어디까지나 참고 자료일 뿐인데 말이다. 이 부분은 모 언론● 에서 특집으로 기사화한 적도 있다.

이 밖에도 사내 안전 문화 정착을 위해 직원 간 감성과 공감을 토대로 여유와 힐링을 가진 사례는 많다. 국내에 몇 안 되는 브랜드 커피숍 ○○○○ 탐방기, 그리고 청계천의 아름다운 겨울밤 문화 경험하기 등등 말이다.

● "21세기 사주·궁합 MBTI 열풍", 〈중앙선데이〉, 2022. 7. 9~10.

지금까지 제시한 소통 사례는 직원들과 공감대를 형성하고, 직원들의 감성 지수를 높이는 데 크게 기여했다. 하지만 다음 사례의 효과가 가장 컸다.

여름 어느 날, 휴일임에도 불구하고 각종 현안을 처리하기 위해 광주 사업장을 찾은 적이 있다. 그날따라 날씨가 무덥고 마음이 매우 무거운 상태였다. 이미 이동 과정에서 충북 괴산 지진 사건으로 인한 안전 문제가 불거진 상태였기 때문이다. 어쨌든 무거운 몸을 이끌고 부랴부랴 사업장 점검을 마치고 차량으로 이동했다. 그런데 이게 무슨 일인가. 차량 문을 여는 순간, 핸들 옆에 오랫동안 잊으려야 잊을 수 없는 따뜻한 감성의 필체가 애타듯 필자를 기다리고 있었다. 마치 사랑하는 사람을 간절하게 기다리듯 손짓하면서 말이다. '힘내세요. 멀리까지 와주셔서 감사합니다'라는 메시지를 담은 식사용 과일과 샐러드였다. 현장 직원이 몰래 가져다 놓은 것이었다. 그 역시 휴일 날 특별한 가족 행사로 바쁜 와중에 일부러 출근해 가져다 둔 것이었다.

독자 여러분들은 '뭐, 그 정도 가지고…'라고 할는지 모른다. 하지만 독자들과 이런 해석을 공유해 보고 싶다. 당사자의 진심과 의사와는 관계없이 말이다. 그 정성을 준비할 때는 단순히 상사에 대한 예의 차원일 수도 있고, 휴일 없이 업무를 수행하는 데 대한 감사의 차원일 수도 있다. 하지만 그보다는 좀 더 의미 있게 해석하고 싶다. '비록 조그마한 정성이지만 임직원, 그리고 시민의 생명과 재산을 지키는 마중물이 되어 달라'는 진실한 마음이 담긴 청원서 말이다. 특히 언제나 '안전'이라는 단어에 울고 웃으면서 때로는 하루 종일 긴장과 두려움의 억압 속에 갇혀 사는 필자에게는 현장 직원이 준비한 따뜻한 메시지와 소박한 점심 식사가 온갖 스트레스를 단박에 날려 버리는 청량제였다.

예기치 않은 그날의 에피소드는 필자가 힘들고 지칠 때마다 가슴 속 깊은 곳에 내재한 아픈 응어리를 날려 버리는 진통제가 되어 주었다. '마음씨가 고우면 일도 잘한다'라는 명제를 세워도 좋지 않을까?

현장 직원이 따뜻한 마음을 담아 챙겨 준 음식들

사내 여러 사업부에서 그 직원을 차지하려고 애쓴다는 소문도 자자하다. 아름다운 조직 문화다. 상경하는 차 안에서 그 아름다운 감성을 몇 번이나 되새기다 보니 어느새 서울 입성을 알리는 톨게이트와 마주했다. 집에 도착하니 밤 11시 48분, 12분 후면 그 하루를 마감할 상황이었지만, 그 '행복한 하루'를 오래도록 붙잡고 싶었다. 속절없이 흐르는 세월의 시계를 잠시, 멈춰 세우고 싶었다.

한 조직 내에서 올바른 안전 문화를 정착시키기 위해서는 구성원 간의 소통과 공감, 그리고 감성이 절대적으로 필요하다. 그것이 어떤 경로를 통해서 움직여야 하는지를 사례를 통해 이야기해 보았다. 이제 이번 챕터에서 하고 싶던 이야기의 핵심을 다시 한 번 정리하면서 마무리하려 한다. 다른 장과 다소 중첩되는 부분이 있을 수 있다. 독자들의 이해를 구한다.

첫째, 공적·사적 영역을 두루 경험한 입장에서 볼 때 안전 관리 업무의 최대 적은 지나치게 위계적이고 권위적인 조직 문화라 할 수 있다. 둘째, 어렵고 힘든 소위 '3D 업종'인 안전 관리 업무는 앞선 장에서 언급한 것처럼 덕장을 필요로 한다. 셋째, 효율적인 안전 관리 업무를 위해서는 순발력, 창의력, 판단력을 발휘하여야 한다.

위와 같은 세 가지 방향성이 정착되려면 상하, 동료 간 공감과 감성, 소통이 필요하다. 그 감성과 공감, 소통을 위해서는 제아무리 현안으로 바쁜 와중이라도 짬을 내 힐링과 여유를 가질 수 있는 시간과 공간을 제공해야 한다. 안전 관리 담당자들의 감성을 살리고, 공감지수를 높이면 효율적인 안전 관리 업무의 시너지로 승화할 것이다.

아빠! 아버지! 아버님!
그리고 훈장 선생님

긴장 해소의 마중물,
감미로운 감성이 다가올 때

하루하루가 긴장의 연속인
안전 경영 일선에서
따뜻한 온기와 진심 어린 미소를
전달해 주는 것은 사람이다

:

도대체 무슨 소리를 하려는가? 사내에 존재하는 딸과 며느리, 아들의 이야기다. 훈장 선생님 이야기도 있다.

"아빠, 안녕하세요!"
"늘 감사합니다."
"오늘도 수고하세요."
"화이팅입니다!"

출근길, 회사 엘리베이터에 닿기 1~2m 전부터 들려오는 아련하면서도 감미로운 울림이 있다. 해맑은 눈빛과 청량한 목소리와 먼저 마주하는 것이다. 이때 엘리베이터에 동승하는 다른 직원들은 목소리가 들려오는 현장과 필자의 얼굴을 번갈아 살펴보게 마련이다. 꽤 놀란 표정으로, 더러는 어색한 표정으로, 때로는 궁금한 표정으로, 몇몇은 부러운 표정을 짓기도 한다.

사실 필자는 아름답고 청량한 목소리와 마주하기 직전까지만 해도 이날따라 아침 출근길 발걸음이 무겁고 어두웠다. 안전 관련 현안이 가슴을 짓누르고 있었기 때문이다. 출근길 내내 차창 너머로 수시로 교차하는 시선을 어디에 고정해야 할지 몰랐다. 긴장감과 불안감 때문이었다. 서울의 상징물들을 예의 주시하면서 한편으로는 차디찬 겨울 한파의 냉기를 엄중한 훈계의 울림으로 받아들이면서 말이다. 더구나 가슴 한편으로는 눈꽃처럼 강력한 아침이슬의 냉혹함을 품은 한강 고수부지, 수도 서울의 상징물인 N서울타워, 멀게는 겨울의 자양분인 눈을 옷 삼아 날개의 자태를 뽐내는 북한산을 위안 삼아 평온을 찾으려 했지만, '안전'이라는 깊고도 진한 감정의 틀 속으로 감정 이입된 순간, 나의 가슴은 더욱 무겁기만 했다.

이처럼 오늘의 일과를 무겁게 상기하며 올림픽도로를 거쳐 회사에 막 도착한 순간, 눈과 입가에 미소를 가득 머금은 딸 승혜가 기다리고 있는 게 아닌가. 감성과 공감, 그리고 소통의 빛줄기가 반사되고 있었다.

그렇다면 이제부터 본격적으로 가족 이야기 속으로 들어가 보자. 필자가 입사한 이후 사내에는 딸, 맏며느리, 둘째 며느리, 아들이 동시에 생겼다. 금승혜, 천세미, 박지원, 금평강이다. 실제로는 박승혜,

천세미, 박지원, 황평강이다. 물론 당사자들로부터 사전에 실명 공개에 대해 양해를 구했다는 사실을 밝힌다. 그렇지 않고서는 개인 정보를 함부로 노출시키면 안 되는 시대 아닌가.

필자는 책의 저자 소개 지면에도 밝혔듯 국가 위기 관리, 안전 관리와 더불어 조직 문화, 리더십 등에도 관심이 많다. 그렇다고 전문성이 뛰어난 것은 아니다. 그저 관심이 많다는 뜻이다. 당연히 평소 사내 조직 문화에도 관심이 많다. 조직 문화의 핵심은 어떻게 하면 살아 있는 조직, 생동감 넘치는 조직, 애사심을 느낄 수 있는 조직, 주인 의식을 발원할 수 있는 조직, 출근하고 싶은 조직을 만드느냐다. 그것은 시스템의 문제가 아니다. 즉 제도, 인력, 예산 등 하드웨어적 측면이 아니라는 뜻이다. 정답은 소통, 공감, 인정, 배려, 존중 등 소프트웨어적 측면에 있다.

'사내 가족'을 형성하고 있는 인재개발 팀 소속 직원들

이런 배경하에 가끔이지만 조직 문화를 발전시키고 정착시키는 데 핵심 역할을 하는 사내 인재개발 팀과 소통하고 있다. 딸, 며느리, 아들, 그리고 훈장 선생님은 모두 인재개발 팀 소속 직원들이다. 조직 문화 발전을 위한 소통 과정에서 자연스럽게 형성된 가족인 것이다.

이번에는 둘째 며느리 지원이에 대한 이야기로 옮겨 보자. 아니 대한민국에는 찬물도 순서가 있는데, 맏며느리는 어찌하고 둘째 며느리 이야기를 먼저 하느냐고 따질지 모른다. 맏며느리는 사실 필자가 입사해서 '임원 현장 OJT'라는 명분으로 지방 사업장을 순회하는 과정에서 '공감'이라는 두 글자로 가장 먼저 소통한 직원이었다. 첫 만남 당시의 강렬한 인상이 진하게 남아 있다. 그래서 뜸을 들이면서 좀 더 나중에 이야기하고 싶은 것이다. '기다림의 미학'이란 이유로 말이다.

다시 둘째 며느리와의 감성 이야기로 돌아가 보겠다. 특정 매체를 홍보한다는 오해를 받을 수도 있으나, 있는 그대로 이야기하자. 대한민국 사람들에게는 언젠가부터 카카오톡이 주요 소통 채널로 자연스럽게 자리 잡고 있다. 어느 날 간부급 직원으로부터 업무 보고를 받는 자리에서 장난기 어린 목소리가 들려오는 게 아닌가. 갑자기 "○○님, 카톡의 '생일자 알림방'을 보니, 오늘 ○○님 며느리 생일인 것 같습니다"라며 웃음 가득한 눈길을 주었다. 여기서 잠시 외람된 이야기를 추임새로 넣어 본다. 며느리 지원이의 생일을 알려준 그 간부의 별명은 '킬러'다. 특히 여직원들에게 인기가 많아서 필자가 지어 준 별명이다. 그렇다고 해서 독자들의 오해가 없기를 바란다. 여태껏 이상한 소문(?)은 없었다. 킬러다 보니 며느리 생일도 잘 찾아낸 모양이다.

본론으로 다시 돌아가자. 평소 카카오톡 생일 공지란을 잘 보지 않던 필자도 그날따라 생일 알림방을 무심코 보게 되어 이미 인지하고 있는 상태였다. 우연이지만 큰 행운처럼 느껴졌다. 그래서 즉시 며느리 지원이와 소통했다. '며늘아가, 생일을 진심으로 축하한다'라고 메시지를 보냈다. 축하 메시지를 보낸 이후 하루 종일 긴장되고 바쁜 일정 속에서 틈틈이 '생일은 제대로 챙길까, 나 말고도 챙기는 사람이 있겠지, 점심은 동료들과 함께할까, 워낙 바쁜 부서라 생일 자체가 무의미하지 않을까…' 같은 걱정이 들기도 했다. 실제로 바쁘기는 바쁜 모양이었다. 일과 시간이 막 끝난 직후인 오후 6시경이 되어서야 '아버님, 감사합니다. 퇴근길에 반가운 메시지를 보며…'라는 며느리의 감성 담긴 답장이 돌아왔다. 그 순간 필자의 가슴에 행복 바이러스라는 소통의 가치가 퍼지면서 긴장된 하루도 저물고 있었다. 그야말로 생일이라는 두 글자로 행복의 원천이 샘솟는 하루였다.

이어서 청일점 아들 평강이의 감성을 되새겨 본다. 본격적인 이야기 전에 배경 지식이 필요하다. 인재개발 팀 인적 구성을 먼저 밝히고자 한다. 15명 되는 팀원 중 대부분이 여직원이다. 애당초 여직원이 많을 수밖에 없는 종합 식품 회사의 특징이라 할까. 인재를 육성하는 분야에도 여직원이 상대적으로 많다. 주류를 차지하는 여직원들은 오늘도 제조, 물류, 급식, 외식, 유통 등 다방면에서 열정을 쏟는 인재를 양성하느라 여념이 없다. 혁신성과 꽉 찬 아이디어로 치밀하고도 세밀하게, 그리고 디테일하게 업무를 수행해 나가는 것은 두말할 것도 없다. 그 틈바구니에 남자 직원은 연찬, 평강, 선준, 규현, 석찬 등 6명이다. 그래서 소규모 그룹별 소통 때마다 남자 직원이 1명씩 청일점으로 나타난다.

어느 날 소통 공간에서 평강이가 청일점으로 나타났기에 덥석 “내게 며느리, 딸은 있는데, 아들이 없으니 네가 아들 해라” 하면서 자연스럽게 낙점했다. 당사자가 주저 없이 흔쾌히 수용한 것은 말할 것도 없다. 아버지와 아들이라는 징검다리가 완성되는 순간이었다. 이번 기회에 나머지 남자 직원들에게 ‘특별한 유착이나 차별은 없다’라는 점을 거듭 밝히고자 한다. 사실 남자 직원들은 여직원들의 위력(?) 속에 기세를 못 펼 때가 많다. 그것이 안타까워 소그룹별 소통 때마다 한 번은 연찬이, 한 번은 평강이, 한 번은 선준이, 한 번은 규현이, 한 번은 석찬이를 반드시 마주하게 한다.

평강이의 장점은 항상 부드러우면서 때로는 순진무구한 웃음기로 사람을 매료시킨다는 점이다. 부자(父子)의 연이어서 그런지 몰라도 필자와 잦은 소통을 하고 싶은 모양이다. 늦가을인 11월 어느 청명한 날이었다. 막 도착한 사무실은 창틀 속으로 경쟁이라도 하듯이 비집고 스며든 햇살로 온기가 가득했다. 그 온기만으로는 모자라서일까. 이번에는 따늣한 마음의 온기가 17시간 농안의 기다림을 뒤로 한 채 필자와 마주했다. 책상 위에 살포시 놓여 있는 황금빛 종이 카드였다. 보자마자 궁금해서 빨리 열었다. 카드를 개봉하는 찰나의 순간이 마치 전날 지방 출장으로 지친 몸을 달래 주는 해방구라도 되는 것 같았다. ‘과연 뭘까?’ 싶어 가슴이 두근거렸다. 그것은 바로 감성을 넘어 원기를 회복시켜 줄 보약이었다. 그 보약 속의 약재이자, 아름다운 감성은 이러했다.

“인재개발 팀 아들 금평강입니다. 직접 전해 드리고 싶었지만, 용인지수원에서 교육 운영이 있어 부득이 자리에 두고 갑니다. (…중략…) 여러모로 아워홈을 위해 두 발로 뛰는 ○○님, 지치고 당 충전이 필요하실 때 맛있게 드세요.”

소위 ‘빼빼로데이’를 맞아 아버지에게 아름다운 감성을 선물한 것이다. 기대치 않은 미덕이었다. 막상 퇴근해 보니 둘이나 있는 우리 집 아들로부터는 그런 감성을 받아 보지 못했으니 상대적 행복감이 배가되는 순간이었다. 다만 그 아름다운 순간에도 아버지의 ‘꼰대 생각’은 어김없었다. 상술로 포장된 빼빼로데이라는 비과학적, 비이성적 이벤트가 이태원 참사를 불러온 ‘핼러윈(Halloween)’과 오버랩되었다. 그 같은 이벤트가 어느새 우리 젊은이들 사이에 하나의 문화로 정착되었다는 점이 안타까웠다. 그래도 평강이의 감성 이벤트가 마냥 좋기만 했다. 관련 사연을 옮기는 이 순간에도 필자의 입가에 미소를 짓게 만드니 말이다.

사내 아들의 온기 가득한 메시지

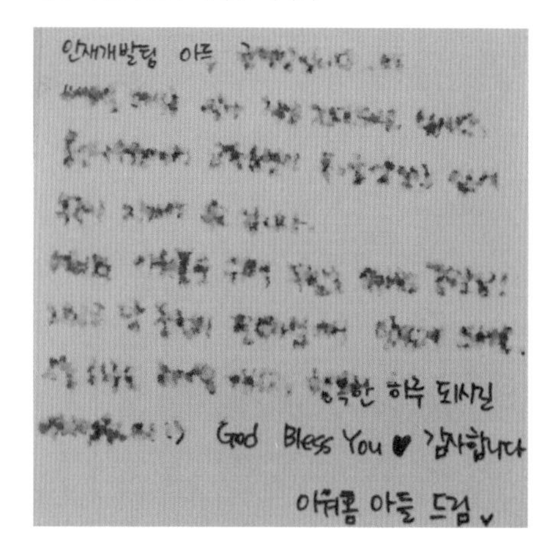

인재개발팀

행복한 하루 되시길

God Bless You ♥ 감사합니다

아워홈 아들 드림 ✓

딸과 둘째 며느리, 아들 이야기를 마쳤으니, 필자에게 남다른 의미로 다가오는 맏며느리 천세미를 소개할 차례다. 맏며느리와의 인연은 앞에서 밝혔듯이 필자가 입사한 지 얼마 되지 않은 시기였다. 매사에 낯설고 더구나 오래도록 공직 생활을 하다가 민간 기업이라는 새로운 문화에 막 발을 들여놓은 필자에게 ㈜아워홈의 조직 문화를 최초로 각인시킨 사람이었다. 그래서 맏며느리와의 소통은 남다르다. 세속을 살아가면서 연인 관계든, 친구 관계든, 상하 관계든 첫 만남, 첫인상이 중요하다고 하지 않던가. 더구나 교육자와 피교육자로서의 첫 만남은 색다른 의미가 있지 않을까. 그래서 맏며느리와의 첫 소통 인연이 고귀하다는 것이다.

사내 커플인 맏며느리에 대해서는 그녀의 남편(결국은 필자의 맏아들이 되는 건가?)과 얽힌 이야기까지 풀자 하면 밤을 새워도 모자랄 것이다. 사내 커플 이야기가 나왔으니 잠시 주제를 바꾸어 보자. 앞부분에서 밝혔듯 필자가 속한 회사는 'K-푸드'를 선도하는 종합 식품 회사인 관계로 여직원이 상대적으로 많은 편이다. 1만여 명 가까운 직원 중에 여직원이 과반이라 해도 과언이 아니다. 그래서 자연스럽게 사내 커플이 많은 편이다. 아름답고 자랑스러운 조직 문화다.

본 이야기 주제로 돌아가자. 신입 임원의 '사업 현장 OJT'는 매우 중요하고도 유익한 프로그램이다. 우리가 흔히들 '답은 현장에 있다'라고 말하지 않는가. 한 회사의 임원일수록 현상을 많이 알아야 한다. 그것이 리더십을 발휘하는 원천이기 때문이다. 사실 임원 현장 OJT는 오너인 구지은 부회장의 경영 철학에서 비롯한 산물이다. 제조, 유통, 물류, 급식, 외식 등 다양한 사업을 성공적으로 이끌기 위해서는 현장에서 답을 찾으라는 것이다. 올바른 지론이다.

그 때문에 OJT 교육을 주도하는 담당자의 역할이 중요하다. 실습 도중에 필자는 '이왕 교육을 받으려면 좀 더 내실 있게 받아 보자'라는 생각이 들었다. 그래서 필자는 맏며느리에게 전국 사업장을 순회할 때 동승해서 소위 '이동식 이론 교육장'을 만들어 보자고 제의했다. 통상 그럴 경우 대부분은 임원과의 '불편한 적막(?)' 또는 어색함 때문에 동승을 꺼리기 마련이다. 하지만 맏며느리는 밝은 표정으로 "감사합니다. 출장 교통비도 줄일 수 있겠네요"라면서 반갑게 차량 문을 열었다.

이동 차량 속에서 이루어진 교육은 '왜 함께 이동하자고 했을까' 라고 후회(?)할 정도로 냉철하면서도 매우 엄격했다. 그러나 매우 유익했다. 내실이 있었다는 뜻이다. 그런데 아무리 교육이 엄하고 힘들었다 해도 온화하게 미소 짓는 천사의 얼굴에서 나오는 진솔한 입담과는 비교할 수 없었다. 그런 인연 때문이었을까. 맏며느리와는 엘리베이터, 혹은 1층 로비 등에서 마주할 때는 가끔 인간적인 대화도 나눈다. 남편 양창호와 신당동, 옥수동에 산재한다는 맛집을 찾아가 보자고 말이다. 그러고 보니 '참 특이하고 신기한 일이 다 있네'라고 외쳐도 될 것 같다. 사내 맏아들 (양)창호는 실제 맏아들 (금)창호와 같은 이름이 아닌가. 절묘하다. 필자가 글을 쓰는 동안 '우연'이라는 단어가 왜 이리도 자주 등장하는지!

이제 그야말로 사내 '소통 인연' 이야기의 대미를 장식하는 미담 속으로 들어가 보자. 요즈음 '훈장 선생님' 하면 모 방송 오디션 프로그램을 통해 일약 스타가 된 트로트 가수 김다현의 아버지가 생각날 것이다. 지금부터 말하고자 하는 훈장 선생님은 지리산 청학동 훈장 선생님이 아니다. 마곡 양천향교마을 훈장 선생님 이야기다. 결론부터 이야기하자. 그는 차분하면서도 카리스마가 넘친다. 지적 역량과 혁신성으로 가득 찬 리더다. 이혜경 인재개발 팀장은 어제도, 오늘도, 내일도 아름다운 조직 문화 조성, 임직원들의 역량 강화, 그리고 인재 양성을 위해 열정을 불태운다. 주인 의식과 애사심을 발원시킬 향기를 찾아 삼매경(?)을 하고 있다. 누군가는 '내가 보기에는 아닌데…'라고 말할 수도 있다. 또는 특정인을 과대평가 내지 편애한다고 주장할 수도 있다. 그런 생각도 받아들인다. '각자 생각은 자유요. 평가는 다르다'는 명제도 있지 않은가. 필자는 '그런 생각이고, 그런 평가다'라는 뜻이다.

이혜경 팀장에 대한 평가를 이어가 보겠다. 조용하면서도 내공이 강하다. 발전된 조직 문화, 성과 중심 조직 문화를 만들기 위해 분주하다. 임원들도 수시로 집합시켜 훈계(?)를 서슴지 않는다. 워크숍이나 세미나에서 자신의 훈계에 임원들의 설익은 질문이 들어가면 0.001초 내로 반박(?)한다. 때로는 무섭다. 인상이 무섭다는 게 아니다. 답변에서 묻어나오는 무게감과 엄중함이 무섭다는 것이다. 그래서 필자는 본인의 의사와는 상관없이 '훈장 선생님'이라 닉네임을 달아 주었다. 본인이 싫다 해도 할 수 없다. '닉네임 달기' 또한 상대방이 일방적으로 부여하는 자유의 영역이니까.

임원진의 질문에 대한 그 훈장 선생님의 반박은 반박이라기보다는 실력이었다. 자질과 능력을 갖추지 않고는 불가능하다. 그 순간은 임원들이 멘티고, 훈장 선생님이 멘토다. 그만큼 훈장 선생님의 역량을 강조하는 것이다. 이 순간 언젠가 임원 단톡방에서 오너가 제시한 '리버스(reverse) 멘토링'이 떠오른다. 평소 조직 발전을 위한 멘토링의 중요성을 강조하는 분이다. 훌륭한 철학을 가지셨다고 아부(?) 발언을 해본다. 하지만 '소명 의식'으로 새로운 직장 문화와 마주한 필자이기에 누군가가 아부라는 표현을 쓴다면 적절치 않다고 반박하고 싶다. 그저 평소 임직원들에게 알게 모르게 비쳐지는 오너의 철학을 있는 그대로 이야기하는 것이다. '리버스 멘토링'은 아날로그 꼰대세대와 디지털 MZ세대의 조화롭고 아름다운 융합을 위해 눈여겨봐야 할 훌륭한 지침서다. 혁신과 개혁을 위한 방향키다.

이야기가 잠시 삼천포로 빠졌다. 여기서 잠깐 '이야기가 삼천포로 빠졌다' 하면 삼천포 시민(지금은 사천 시민)이 싫어한단다. 지역 비하 발언으로 받아들이기도 하는 모양이다. 우리나라에서 지역 이름을 토대로 형성된 고유명사가 또 있다. '무진장'과 '안성맞춤', '억지춘양'이다. 관련 이야기는 다른 글에서 이야기하기로 하자. 이외에도 사내 가족과의 소통을 주제로 한 이야기가 많지만 여기서 줄이겠다. '완성체'보다는 '미완성의 미학'도 아름다운 법이니까.

힘주어 말해 본다. 안전 경영은 매일매일, 아니 실시간으로 긴장과 두려움에 맞서며 사투를 벌여야 한다. 안전이라는 두 글자에 온통 목매야 한다. 집중해야 한다. 열정을 가져야 한다. 아니 간절함이 용솟음쳐야 한다. 물불을 가리지 말아야 한다. 평소 웃고 있어도 웃는 게 아니고, 울고 있어도 우는 게 아니며, 먹고 있어도 먹는 게 아닐 수 있다. 보고 있어도 보는 게 아닌 경우도 많다. 이때 감성과 공감,

소통은 긴장 해소의 마중물이 되어 준다. 사막의 오아시스다. 그 마중물과 오아시스를 벗 삼아 오늘도 주인 의식과 애사심으로 물들어 본다. 내일도, 모레도 그러할 것이다.

직원들의 메시지

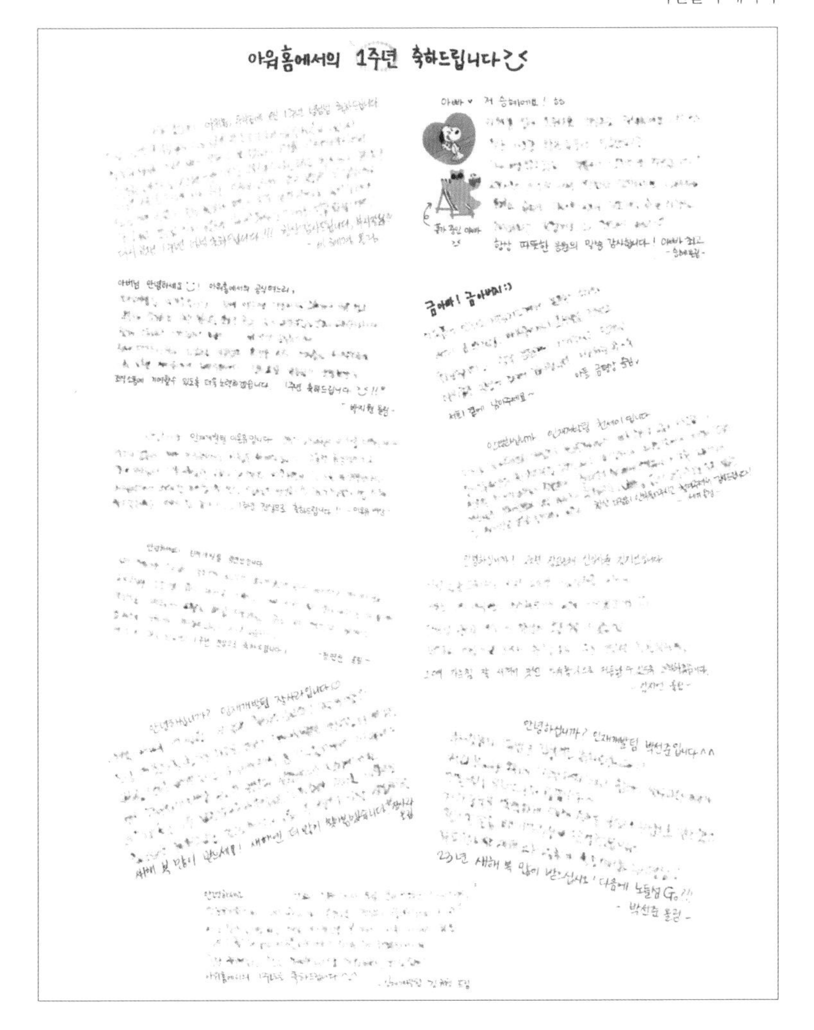

안전이 돈이다.
일등 기업으로 가는 길

한 언론사 기사 제목의
진한 울림

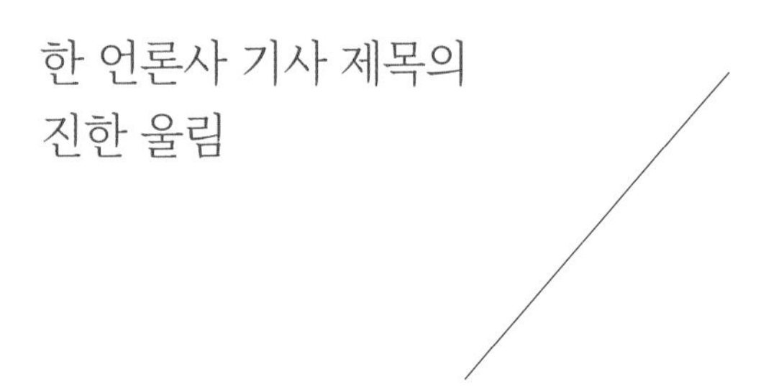

기업이 추구해야 할 방향성과
ESG 가치를 제시하다

어느 날 새벽 집필 소재에 보탬이 될 참고 자료를 찾기 위해 '안전'이라는 키워드로 언론 기사를 검색한 적이 있다. 한참 동안 검색을 이어 가던 중 한 언론사의 특정 경제 기사 제목에 눈길이 갔다. 단지 눈길이 간 정도가 아니라 눈동자의 시선이 자동적으로 5분 이상 정지된 느낌이었다. 그만큼 안전 관리 문화 정착을 위한 보배 같은 자료였다. 일종의 사회 계도성 기사인데, 제목은 이러했다.

"안전이 돈이다, 일등 기업으로 가는 길"●

흔히들 일상생활을 영위하면서 주변에서 '안전 제일주의'라는 용어와 마주한 적이 있을 것이다. 모든 산업 현장, 근로 현장, 작업 현장에서 의무적으로 적어 놓아 눈에 익은 문구다. 그런 점에서 상기 기사 제목은 안전 제일주의야말로 기업의 생산성을 높이고 사회적 가치 창출에도 큰 도움이 된다는 뜻을 담고 있다. 즉 기업의 생산성과 효율성, 사회적 가치를 높이기 위한 필수 불가결한 전제 조건이 '안전'이라는 이야기다. 심하게 표현하자면 '안전 없는 기업은 존재 이유가 없다'고 해도 과언이 아니다. 정부도 안전을 최우선 정책 중 하나로 채택한 지 오래다. 같은 맥락이다. 그래서 최근 들어 기업도 경쟁적으로 ESG(Environmental, Social and Governance) 경영을 도입하고 있다.

잠시 필자의 회사 이야기로 전환하여 분위기를 바꿔 보겠다. 어느 봄날 재계의 ESG 활동, 즉 환경·안전·투명 경영을 주재로 한 경영회의 자리가 마련되었다. 그곳에서 생산 파트 등 현업 부서 간부들에게 이런 이야기를 던진 적이 있다. "생산성을 높여 이윤을 창출하는 것이 기업의 존재 이유다. 이를 위해 임직원이 생산성과 효율성에 올인 하는 것이 기본 책무이자 자세일 것이다. 하지만 업무 수행 과정에서 1%의 생산성을 올리려다 안전사고로 99%의 인적·재산적 손실을 야기한다면 생산성이 무슨 의미가 있겠는가?"라고 말이다.

굳이 회사 내부 이야기까지 들고 나온 이유는 상기 언론의 기사 제목 자체가 안전 경영을 하는 사람들에게 진한 울림으로 다가오기

● "안전이 돈이다, 일등 기업으로 가는 길", 〈중앙일보〉, 2012. 6. 27.

때문이다. 평소 안전 업무에 대한 필자의 소신과 일맥상통한다는 점에서도 그 의미를 찾아볼 수 있다.

다시 언론 기사로 돌아가자. 관련 기사 내용이 전반적으로 안전관리 업무를 수행하는 직원들에게도 많은 교훈이 될 것 같다. 그래서 보도 내용을 일부 첨삭하는 정도로 소개하기로 하겠다. 161쪽에 주석을 달아 출처를 밝혀 두겠다. 그렇지 않고서는 함부로 인용할 수 없다. 연구 윤리 의식이 높아지기는 했으나 아직까지 표절 논란으로 시끄러운 대한민국 아닌가.

미국 철강업이 불황의 늪에 빠져들 무렵인 1906년 일이다. 대표적인 철강 업체 USS의 E. H. 게리 사장은 부상 당한 근로자의 비참한 모습을 보고 "'생산 제일'이 아니라 '안전 제일'이다"로 경영 방침을 바꾸었다. 생산에 다소 지장이 생기더라도 근로자가 다쳐서는 안 된다고 생각했기 때문이다. 당시만 해도 미국의 재계 분위기는 지금 막 ESG를 강조하기 시작한 한국 기업의 수년 내지 수십 년 전의 분위기와 비슷했다. 즉 안전을 앞세우면 생산성이 줄고, 경쟁력이 떨어진다는 우려가 만연한 시기였다. 하지만 게리 사장이 경영 방침을 바꾸고 난 이후 우려와는 달리 반대의 현상이 나타났다. 생산성은 향상되고, 제품의 질은 오히려 좋아졌다. 근로자들이 '우리 회사는 안전하게 일할 수 있는 곳'이라는 인식이 퍼지면서 애사심이 높아졌고 숙련되고 전문성을 갖춘 직원들이 떠나지 않고 장기 근속하는 결과가 나타났다.

또 다른 미국 회사의 사례를 들어 보자. '안전의식이 떨어지는 사람은 리더가 될 자격이 없다. 안전을 통해서 회사 이익을 남겨라. 만약 사고로 10만 달러의 생돈이 지출될 경우, 그 돈을 보충하려면 수백만 달러의 매출을 올려야 한다….' 이는 듀폰사의 독특한 인사 방침 이야기다. 2010년대 미국 전체 산업계의 평균 재해율이 2.1%인데 반해, 듀폰사는 0.036%에 불과했다. 안전을 제일 우선시하는 회사의 모범적인 경영 철학을 읽을 수 있다. 듀폰사의 사례는 앞에서 밝힌 바와 같이 필자의 안전 경영 추진 방향성과 맥을 같이 한다는 점을 다시 한 번 강조하고 싶다. 그래서 특별히 관심이 가는 대목이다.

국내에서도 '안전'이라는 두 글자를 경영 전반에 접목해 안전 경영 체계를 구축하는 기업이 늘고 있다. 안전이 곧 생산성이기 때문이다. 중대재해 내지 산업 재해는 조금만 주의를 기울이면 예방이 가능하다. 그러나 사고가 발생하고 나면 소중한 생명을 잃게 될 뿐만 아니라 기업의 목표 달성을 저해할 수밖에 없다. 기업이 수십 년 동안, 길게는 수백 년 동안 명성을 쌓아 올린 긍정 이미지가 단번에 무너진다. 이 부분에서 조금 더 깊은 이야기를 해보자. '안전 경영'은 기업의 생존과 직결되는 동시에 임직원들을 소중히 여기는 마음과도 직결되어 있다.

조선 업체 A사의 경우, '살맛 나고 일할 맛 나는 사업장'은 건강, 안전, 환경(HSE; Health, Safety, Environmetal)에서 나온다는 믿음을 갖고 있다. 이 회사는 세계에서 가장 건강하고 안전하며 깨끗한 조선 해양 기지라는 'HSE 경영 방침'을 내걸고 무재해·무질병·무공해 달성을 위해 노력하고 있다. 이를 실천하기 위해 'HEART'라는 자체 안전 관리 시스템을 도입하고 있다. 이 부분에서 다시 필자가 다니는 회사 이야기를 하지 않을 수 없다. ㈜아워홈도 중대재해법이 시행되기 전부터 'EHS 경영'을 폭넓게 추구하고 있다. 이것은 이 책의 첫 챕터에서 밝혔듯이 오너의 안전 경영 철학이다. 단지 상기에 소개한 조선 업체 A와 소개 순서만 바뀌었을 뿐이다. 똑같이 환경, 건강, 안전을 경영 철학의 3대 축으로 운영해 왔다.

폐기물 재활용률 최우수 등급에 대한 언론 보도

브릿지경제 산업 금융 증권 부동산 생활경제 정치 전국 오피니언 비바100

아워홈, 식품업계 최초 '폐기물 매립 제로' 최우수 등급 획득

계룡공장 폐기물 재활용률 100% 검증...퇴비와 사료, 대체연료 등으로 재활용

입력 2022-10-13 09:50

기사 퍼가기 NEWS Link · Facebook · Tweet · Google+ · BAND Band · Print

아워홈 마곡 본사 전경. (사진=아워홈)

국내 최고 전자 회사인 B사는 '근로자 건강' 상태가 재해와 직결된다고 믿고 있다. 잠재 위험 요인을 사전에 파악하고 대처하기 위해 '건강연구소'를 설립한 것도 안전에 대한 철학을 반영한 것으로 볼 수 있다.

최대 정유 회사 중 하나인 C사는 매년 '무재해 달성'을 경영 목표의 최우선 과제로 삼고 있다. '환경안전협의체'를 개최해 회사의 환경 건강 안전 정책과 전략을 수립하고, 수행 성과를 확인한다. 또 다른 전기차 배터리 회사인 D사는 '글로벌 성장을 가속화하기 위해서는 재무적인 성과뿐만 아니라 안전 경영도 글로벌 스탠더드에 맞춰야 한다. 이를 운영하는 사람과 설비가 글로벌 수준이 되어야 한다'라고 강조하고 있다.

글로벌 인증으로 안전 시스템을 완벽하게 갖추는 데 심혈을 기울인 기업도 있다. 국내 최대 자동차 회사인 E사는 '안전보건경영시스템' 인증을 획득했다. 안전보건경영시스템은 작업장에서의 위험성과 유해 발생을 사전에 예방할 수 있게 해주는 장치로 생산 현장의 안전을 보여주는 지표다.

'인증' 부분이라면 ㈜아워홈도 자랑거리가 넘쳐흐른다. 국내 최초·최고 인증서가 많다는 뜻이다. 안전보건경영시스템 ISO 45001, 식품안전경영시스템 FSSC 22000, 식품안전시스템 HACCP, 품질경영시스템 ISO 9001, 환경안전경영시스템 ISO 14001 등이다. 특히 환경 안전 부분에서 ㈜아워홈의 계룡공장은 2022년 10월에 국내 식품 회사 가운데 최초로 '폐기물 매립 제로(ZWTL)' 국제 검증 최우수

등급인 '플래티넘' 인증을 획득했다.●

마지막으로 식품·위생 안전에 관한 문제도 이야기해 본다. 마트 회사인 F사는 즉석에서 만들어 파는 식품에는 '30분 원칙'을 적용한다. 식재료가 30분 이상 상온에 노출되지 않도록 하고, 사용한 조리 기구는 30분 안에 세척하고, 냉장실에서 30분이 지난 재료는 폐기해야 한다. 백화점 업체인 G사는 '김밥용 김발은 10번 이상 쓰지 말 것, 완성한 김밥은 0~15℃ 사이에 보관하고, 만든 지 5시간 지난 경우엔 모두 폐기할 것' 등의 원칙을 정했다. 면역과 세균 저항성이 약한 아기가 먹어도 안전할 기준을 채택한 것이다.

필자가 속한 ㈜아워홈은 종합 식품 회사다. 따라서 산업 안전, 시설 안전, 환경 안전, 식품 안전, 위생 안전 등 '안전 점검'이라는 단어가 사업 전 분야에서 암행어사 역할을 자처하고 있다. 먼저 권역별로 배치된 물류센터를 통해 안전을 기반으로 하는 최상 품질의 식자재를 공급받고 있다. '콜드체인 시스템(Cold-Chain System)' 적용과 함께 유통 과정을 추적, 감시하기 위해 온도 '트래킹 시스템(Tracking System)'을 개발하여 식품 유통 과정상의 안전에 만전을 기하고 있다. 또한 식자재를 공급받는 급식과 외식 사업장은 각 공정별로 발생 가능한 위해 요인을 사전에 분석한 뒤 리스트를 만들어 상황을 제어하고 있다. 특히 계절성·연중 금지 식재 지정, 가열 후 조리 시마다 3회 중심 온도 측정, 조리 메뉴는 실온 보관 2시간 내 배식 등

● "폐기물 재활용률 100% 오염 주범 공장의 착한 변신", 〈서울경제〉, 2022. 12. 24.

을 기준으로 삼아 이 기준을 초과할 경우 식품 및 식자재를 즉시 폐기하고 있다.

다시 한 번 외쳐 본다. "안전이 곧 돈이요. 안전이 일등 기업으로 가는 길이다. 안전이 기업의 이미지를 결정짓는 잣대요. 안전이 노블레스 오블리주다"라고!

Chapter

4

다짐 · 약속

재계, 중대재해 〈원망 청구서〉 '644, 683…'이 던지는 함의

그 속에 비친 책임과 의무

모든 직원이 자칭 '안전 지킴이'가 되어야 한다는 사실을 잊어서는 안 된다 안전에 대한 주인 의식과 애사심이야말로 여러 중대재해를 예방할 수 있는 비책이다

'사망 644명, 사망 683명'●

2023년 1월 19일 고용노동부 발표에 따르면 2022년 1년 동안(1월 1일~12월 31일) 중대재해법에 근거한 산업 재해 사망자가 644명(611건)이며, 2021년 같은 기간 683명(665건)에 비해 39명(5.7%), 54건(8.1%) 감소 추세를 보였다. 또한 20여 일 차이로 큰 의미는 없

● 고용노동부, 〈2022년 중대재해 현황〉 보도자료, 2023. 1. 19.

지만 중대재해법이 발효된 2022년 1월 27일 이후 연말까지 사망자 수는 596명으로 전년 동기(640명) 대비 44명 감소했다. 이는 사업장 증감 여부 등 산업 현장의 환경 변수가 다양하게 작용되고 있어 단순 비교는 무리이나, 중대재해법의 효과로 감소 추세가 나타나고 있는 것으로 평가할 수 있다.

하지만 2022년에도 어김없이 언론 매체를 통해 매일매일 접하는 대형 참사를 보면 아직까지 갈 길이 멀다고 할 수 있다. 특히 50인 이상 사업장은 오히려 사망자 수가 전년(248명) 대비 8명(3.2%) 증가한 256명이었다. 또한 50인 미만 사업장은 388명으로, 50인 이상 사업장(256명)보다 단순 수치로는 사망자가 더 많이 발생했다. 이는 사업장 수 차이 등 많은 변수가 있어 단순 비교는 어렵다 할지라도 사망자 수로 볼 때 50인 미만도 재난안전관리 업무의 중요성이 필요한 시점이라 하겠다. 이에 2022년 중대재해에 대한 교훈과 시사점을 찾고, 동시에 안전 관리자 및 근로자들의 경각심을 고취하는 차원에서 산업 재해와 시민 재해의 원인과 특징을 상세히 분석해 보기로 한다.

본격적인 분석에 앞서 중대재해처벌법 시행 1년을 맞아 고용노동부의 대언론 브리핑 내용(2023년 1월 26일)과 지난 1년 동안 발생한 중대재해 사건 사법 처리에 대한 언론계 반응 등을 잠시 살펴보는 것이 순서일 것 같다. 필자가 중대재해법 시행 1년을 맞아 되돌아보는 글을 집필하는 것처럼 주무 부처인 고용노동부와 언론의 평가 내용도 중요하기 때문이다.

고용노동부 차관은 “기업은 중대재해 예방을 위한 인력 보강이나 예산 투자보다는 경영 책임자 처벌을 피하기 위한 법률 컨설팅 수요가 대폭 늘어났고, 의무 이행을 입증하기 위한 서류 작업에 치중하고 있는…"이라고 강조했다. 언론계에서는 '중대재해법이 발효되었지만 사고는 여전하다'라는 반응과 함께 '1년이 지난 지금 중대재해법 판례는 0건이며, 입건 1호 사건도 수사만 8개월째 진행 중이고, 총 229건 법 적용 중 송치가 34건(추락 사고 12건, 끼임 8건 등)'이라며 사법 당국의 처벌 의지가 부족하다는 점을 꼬집었다.

먼저 산업 재해 현황을 살펴보자.

2022년 중대재해로 발생한 사망 644명(2021년 동기 683명)을 ① 규모별로 살펴보면 50인 이상 사업장(+8명)은 증가하고, 50인 미만 사업장(-47명)은 감소 추세를 보였다. 보다 세부적으로는 5인 미만(-15명), 5~49인(-1명), 50~99인(+3명), 100~299인(-4명), 300~999인(+7명) 사업장이 증·감소세를 보였다. ② 업종별로는 건설업(-18명), 제조업(-8명), 농업 등 기타 업종(-13명)에서 감소 추세를 보였다. 다만 운수 창고 통신업, 광업, 전기 가스 증기 및 수도 사업, 금융 및 보험업 등에서 증가 추세를 보였다. ③ 중대재해 유형별로는 떨어짐(268명, 41.6%), 끼임(90명, 14.0%), 부딪힘(63명, 9.7%) 순으로 발생했다. 증감 내역을 보면 떨어짐(-47명), 끼임(-9명), 깔림(-7명) 등이 감소 추세를 보였으며, 화재 폭발(+16명), 부딪힘(+14명), 무너짐(+14명)이 증가 추세를 보였다.

④ '무너짐' 중대재해 중 작업 유형별 발생 현황을 보면, 총 사망자 35명 중 굴착 작업(12명), 콘크리트 타설 작업(9명), 건물·구조물 해체 작업(5명), 기타(9명) 순으로 나타났다. ⑤ '화재·폭발' 업종별 중대재해 발생 현황을 보면, 총 사망자 44명 중 제조업이 17명, 건설업이 3명, 기타 업종이 19명이다. ⑥ '지게차'에서 발생한 유형별 중대재해 현황을 보면, 총 23명의 사망자 중 깔림·뒤집힘(10명), 끼임(6명), 부딪힘(3명), 떨어짐(3명), 맞음(1명) 순으로 나타났다.

2022년 중대재해 현황
(출처: 고용노동부 보도자료, 2023. 1. 19)

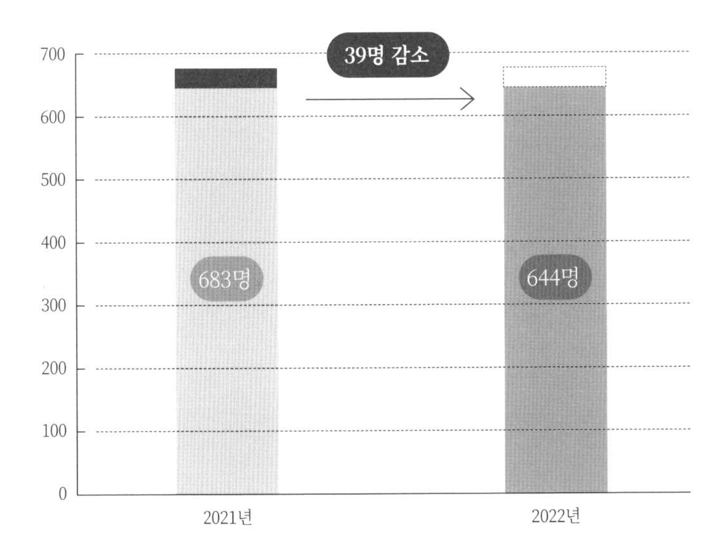

[전년 대비 규모별 사고사망자 수]

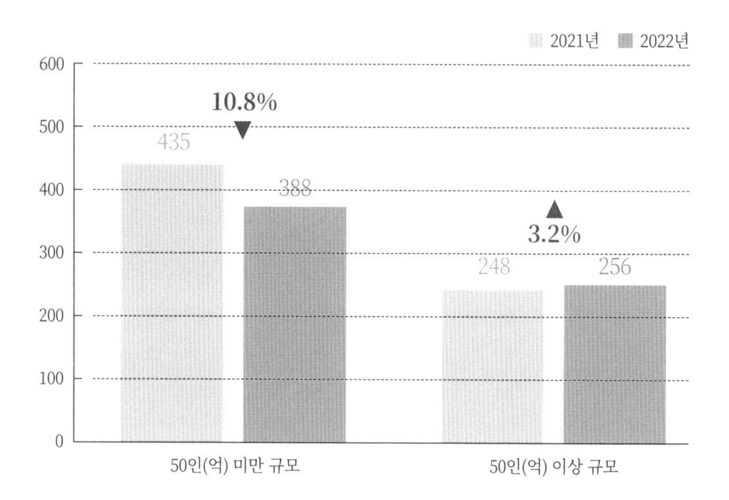

[업종별 사고사망자 수]

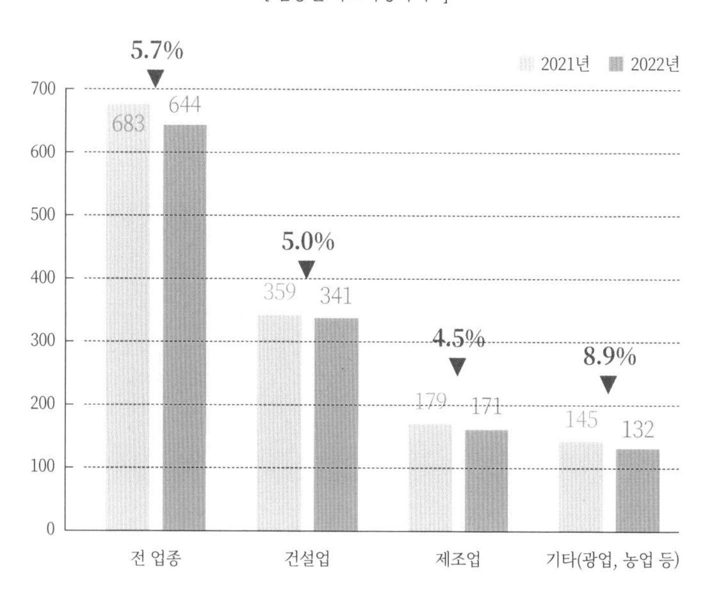

[전년 대비 재해 유형별 사고사망자 수]

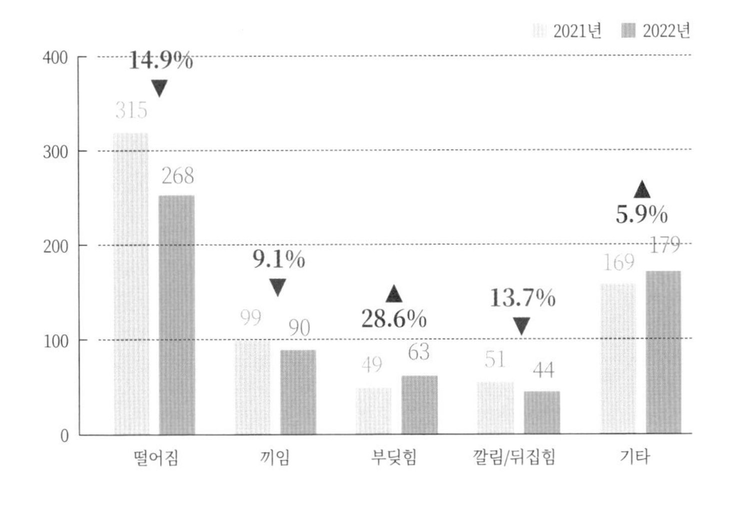

다음으로 2021년 전체 사고사망자는 828명이며, 만인율로 따지면 0.43%oo로 OECD 38개국 중 34위(영국의 1970년대, 독일·일본의 1990년대 수준)다. 또한 재해 유형별 발생 내역은 기본 안전 수칙 준수만으로 예방 가능한 추락(42.4%), 끼임(11.5%), 부딪힘(8.7%) 등의 사고가 전체의 62.6%('21.)로 (지난) 20년간 50~60% 내외로 고착화되고 있다.

중대재해 감축 로드맵

(출처: 고용노동부 보도자료, 2022. 11. 30)

[우리나라 사고사망 현황]

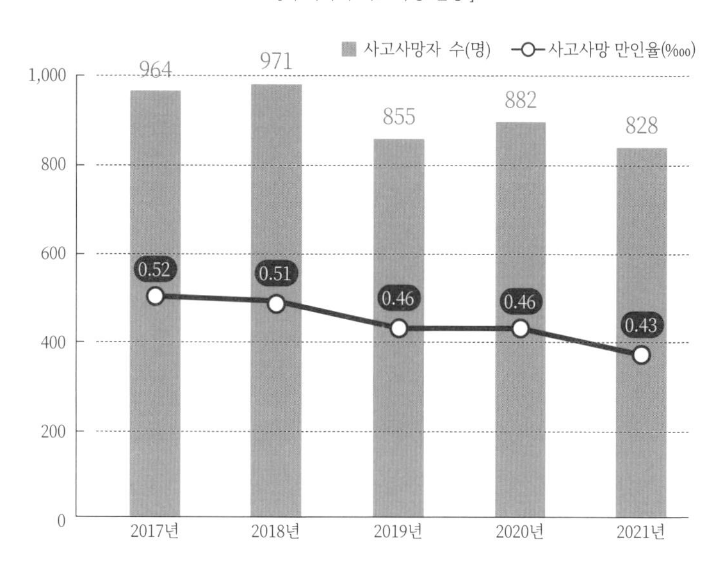

[주요 선진국과의 비교]

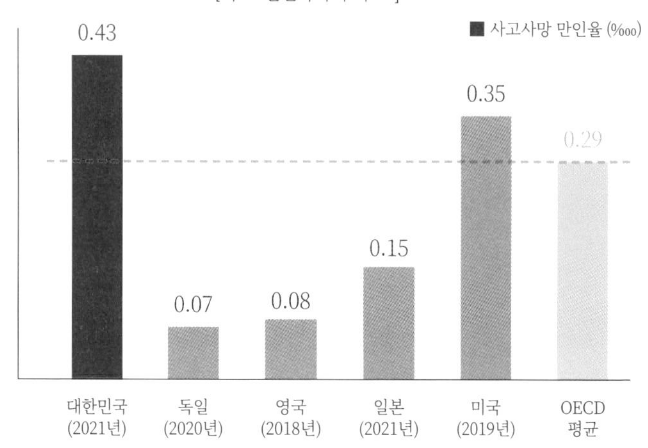

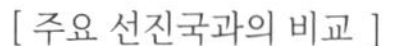

[추락·끼임·부딪힘 유형별 사고사망 비중]

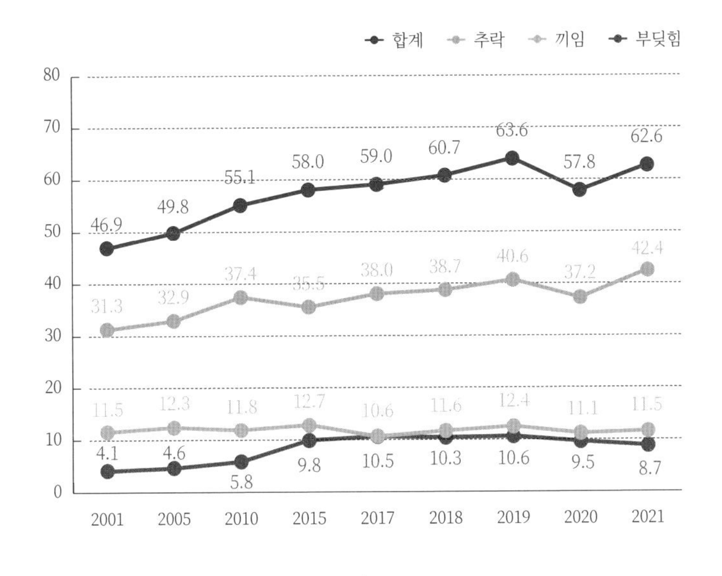

상기 산업 재해에 대한 시사점과 함의는 다음과 같이 정리해 볼 수 있다. 첫째, 우리나라 산업안전보건법령은 약 1,220개 조항으로 방대하고 상세하게 규정되어 있다. 제도적 장치는 마련되어 있는 것이다. 다만 매년 발생하는 사망자 수(800여 명)와 8년째 정체 중인 만인율(0.4~0.5‱)로 볼 때 발상의 전환이 필요한 시점이다.

둘째, 매년 600~800여 명의 중대재해 사망자가 발생함에도 불구하고 근본적인 원인을 명확히 규명하지 못하는 가운데 사건이 나면 그저 임기응변식 땜질 대책에 급급한 실정이다. 따라서 중대재해 사망사고 사례를 반면교사 삼아 재발 방지를 위한 개선 활동을 강화해야 한다. 민관의 거버넌스를 통해 더욱 면밀한 대책이 필요한 실정이다.

셋째, 기업 스스로가 재해 위험 요인을 발굴해 제거하고, 근로자의 생명을 중시하는 문화가 자리 잡을 수 있도록 적극 노력해야 한다. 그 반면 정부에서는 규제와 처벌, 복잡한 서류 작성 등 형식적인 시스템을 넘어 근로자와 사업주의 안전 보건 의식 제고 정책에 만전을 기하도록 유도해야 한다. 즉 선진국 안전 문화 정착이 시급한 실정이다.

넷째, '위험성 평가'와 같은 제도를 발전시켜 근로자의 참여를 강화하여 현장 중심의 안전 보건 체계를 구축해야 한다. 또한 복잡한 절차와 서류는 간소화하고 매뉴얼화하여 불필요한 소요 시간을 줄어야 한다. 아울러 기획 업무에 집중할 수 있는 환경을 조성해 나가야 할 것이다.

이번에는 식품·위생 안전을 중심으로 서민 재해 현황을 들여다보겠다.

최근 5년간(2017~2021년) 식중독 발생 현황을 보면 ① 여름철에는 세균성 식중독(살모넬라* 등)이 많이 발생하고, 겨울철에는 바이러스성 식중독(노로바이러스**)이 증가하는 것으로 나타났다. 실제로 최근 5년간 노로바이러스로 인한 식중독은 총 264건(환자 수 4,990명)이 발생했으며, 보통 11월부터 증가해 1월과 3월에 많이 발생하는 것으로 나타났다. 따라서 노로바이러스로 인한 식중독이 증가하는 겨울철에는 손 씻기, 음식 익혀 먹기, 물 끓여 먹기 등 식중독 예방 수칙을 항상 실천하고 조리 시에는 식재료와 조리 도구의 세척과 소독에 각별한 주의를 기울여야 한다.

* 살모넬라균(Salmonella) : 닭, 오리 등 가금류와 돼지 등 동물의 장내나 자연에 널리 퍼져있는 식중독균.

**노로바이러스(Norovirus infection) : 오염된 물이나 음식물 등을 통해 섭취할 경우, 식중독을 일으키는 장 관계 바이러스로 영하 20℃에서도 생존 가능해 겨울철에 자주 발생.

2017~2021년 평균 월별 노로바이러스 발생 현황

(출처: 식약처 보도자료, 2022. 11. 25)

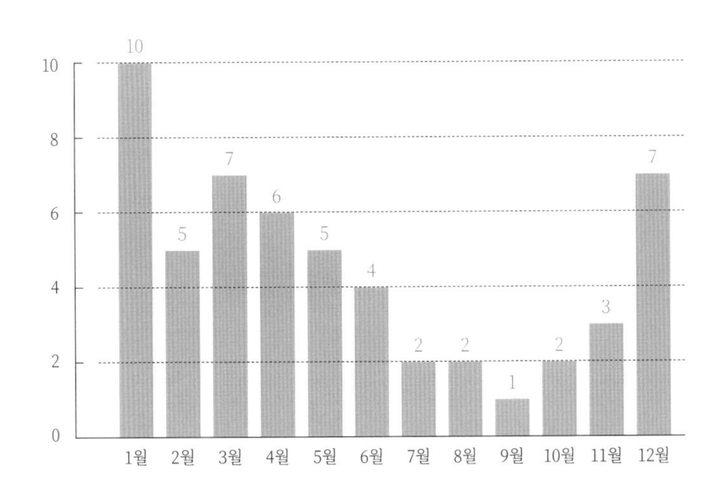

② 식중독 환자의 계절별 발생 현황을 보면, 일교차가 큰 가을철에도 1,836명으로 고온 · 다습한 여름철(6~8월) 다음으로 식중독 환자가 많이 발생했다. 특히 살모넬라균에 의한 식중독은 봄이나 겨울에 비해 가을철에 많이 발생하는 것으로 나타났다. 또한 식품이 살모넬라 등 식중독균에 오염되어도 냄새나 맛의 변화가 없는 경우가 많아 육안으로는 오염 여부를 판별할 수 없다. 따라서 '식중독 예방 6대 수칙'에 따른 사전 위생 관리로 식중독을 예방하는 것이 중요하다.

2017~2021년 평균 월별 살모넬라균으로 인한 식중독 발생 현황

(출처: 식약처 보도자료, 2022. 10. 12)

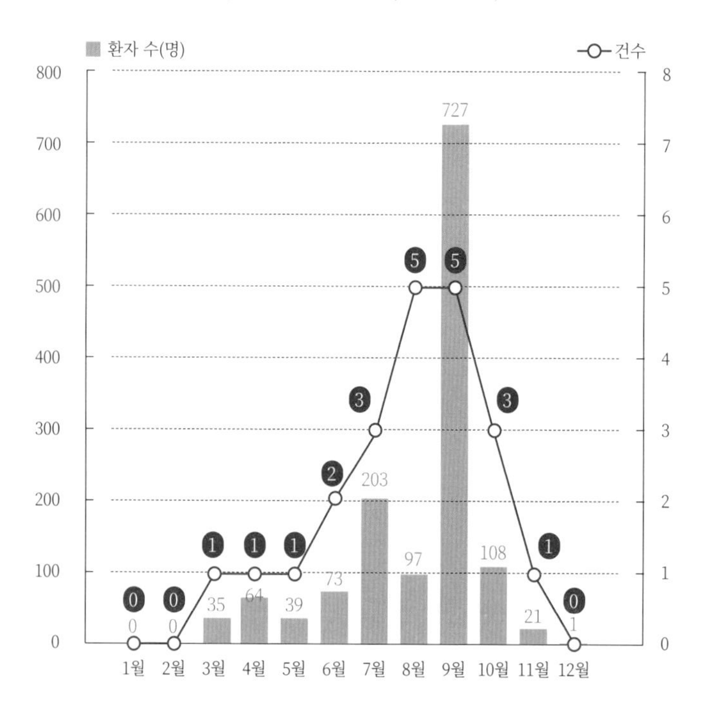

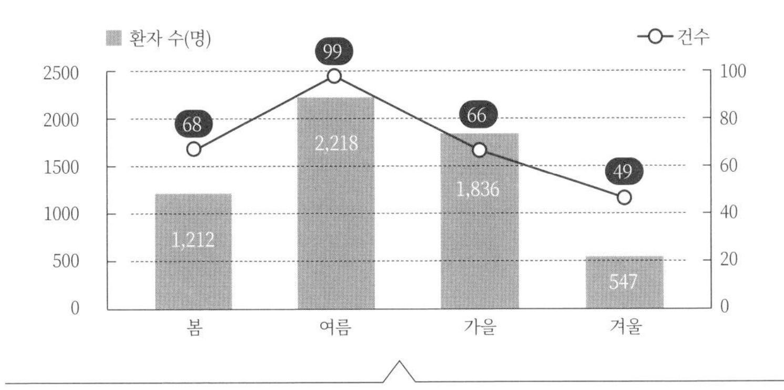

③ 병원성 대장균 식중독은 지난 5년간 발생한 여름철 식중독(493건) 중 발병 원인*이 밝혀진 식중독 가운데 가장 높은 비중인 22.1%(109건)를 차지했다. 고온 다습해 세균이 번식하기 쉬운 여름철에 대부분 집중됐고 특히 8월에 가장 많이 발생**(54건)했다. 따라서 집단 급식소와 음식점의 조리 종사자는 조리복을 입은 채 화장실을 이용하지 말아야 한다. 또한 비누 등 세정제로 손 씻기, 가열 조리 · 교차오염 방지 등의 식중독 예방 수칙을 철저히 지켜 나가야 한다.

* 최근 5년간 여름철 식중독 발생 건수(493건)의 발병 원인 : 병원성 대장균(109건, 22%) → 살모넬라(52건, 11%) → 캠필로박터(49건, 10%) → 노로바이러스(36건, 7%) 등

**최근 5년간 병원성 대장균 식중독 총 176건(환자 6,808명) 중 여름철에 109건(62%), 환자 4,695명(69%)이 발생했고, 특히 8월에 54건(31%), 2,745명(40%)으로 집중 발생.

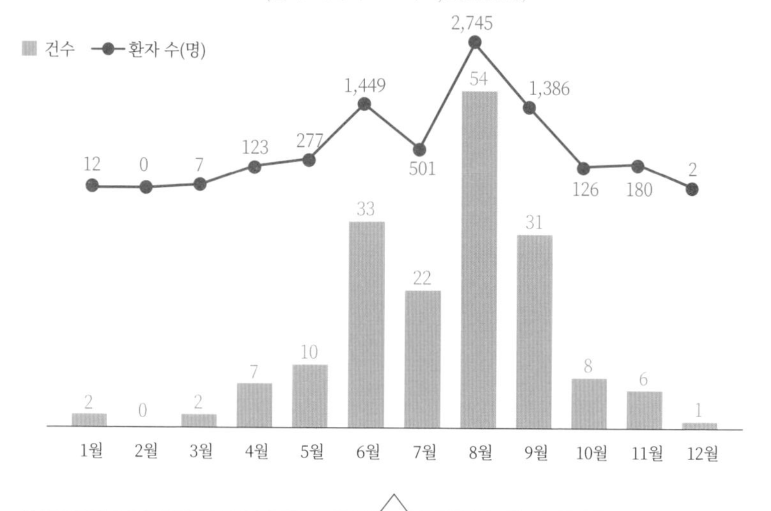

④ 우리나라 식중독 사고는 음식점에서 가장 많이 발생하고, 환자는 집단 급식소에서 가장 많이 발생했다. 최근 5년간 연평균 식중독 282건 중 164건(58%)이 음식점에서 발생했으며, 연평균 환자 수 5,813명 중 2,593명(45%)이 학교, 직장, 어린이집 등의 집단 급식소에서 발생했다(국내 음식점: 86만 개소, 집단 급식소: 4만 7,000 개소). 따라서 음식점, 가정, 집단 급식소 등에서 식중독이 발생하지 않도록 식중독 예방 6대 수칙*을 철저히 지켜야 한다. 음식은 조리 후 가급적 빨리 섭취하는 등 여름철 식중독 예방을 위해 각별한 주의가 필요하다.

* 식중독 예방 6대 수칙 : ①손 씻기 ②익혀 먹기 ③끓여 먹기 ④세척·소독하기 ⑤칼·도마 구분 사용하기 ⑥보관 온도 지키기

⑤ 식중독 발생에 따른 우리나라의 사회·경제적 손실 비용*이 연간 1조 8,532억 원에 달하며 개인 손실 비용이 88.6%(1조 6,418억 원)를 차지했다. 나머지는 기업 비용 1,958억 원, 정부 비용 156억 원으로 집계되었다. 개인 비용(1조 6,418억 원)은 입원 등에 따른 작업 휴무로 발생하는 생산성 손실 비용 등 간접 비용이 1조 1,402억 원, 병원 진료비 등 직접 비용은 4,625억 원에 달했다. 기업 비용(1,958억 원)은 전체 손실 비용의 10.6%에 해당한다. 이는 식중독 발생에 따라 기업에서 부담하는 제품 회수, 보상, 브랜드 가치 하락 등으로 인한 손실 비용이었다. 정부 비용(156억 원)은 전체 손실 비용의 0.8%에 해당하며 식약처, 질병청 등이 식중독과 관련하여 지도·점검, 역학 조사, 검체 구입 등에 소요하는 비용이었다.

* 사회적·경제적 손실 비용은 3년간(2016~2018년)의 우리나라 식중독 발생 현황을 근거로 산출한 것이다. 참고로 식중독으로 인한 해외 국가의 사회적·경제적 손실 비용은 미국이 19조 2,200억 원(155억 달러), 호주가 1조 1,316억 원(12.5억 호주 달러) 수준이다.

⑥ 식중독 발생은 기온과 밀접한 관련이 있는데 기온이 평균 1℃ 상승 시 식중독 발생 건수는 5.3%, 환자 수는 6.2% 증가한다는 연구 결과*가 있다. 실제로 폭염일 수**가 31일로 가장 많았던 2018년에 식중독 발생(222건, 1만 1,504명)이 가장 많았다. 최근 10년(2012~2021년)간 4월 평균 최고 기온은 18.8℃ 수준이었으나 2022년 4월 평균 최고 기온***은 20.4℃로 예년보다 1.6℃ 높아져 식중독 발생 우려도 커졌다. 2023년 방역 당국의 엔데믹 선언 이후, 각종 모임, 행사, 야외 활동, 해외여행 등이 활발해진 만큼 일상생활의 식중독 예방 수칙을 철저히 지키는 노력이 더욱 필요하다.

* 기후 변화와 식중독 발생 예측(한국보건사회연구원, 2009년).

**폭염일 수 : 일일 최고 기온이 33℃ 이상인 날의 연중 일수(최근 10년 평균 연 14.6일).

*** 평균 최고 기온 : 매일의 최고 기온을 평균한 값.

⑦ 식중독을 효율적으로 예방하고 확산을 방지하기 위해서는 범 정부적으로 유기적인 협업 체계를 운영하는 것이 중요하다. 특히 집단 급식이 이루어지는 학교 · 유치원 · 어린이집에서 식중독을 예방하는 데 각별히 노력해야 한다.

이상으로 2022년의 '중대재해' 발생 현황과 분야별 실태를 당사에서 적용 가능한 양대 핵심 축인 '산업 재해'와 '시민 재해'로 나누어 상세히 살펴보았다. 사고 건수와 사망자 수의 증감 여부도 중요한 의미로 다가오지만, 그것이 산업계 안전 관리 업무에 가져다 주는 함의와 시사점이 무엇인지가 더욱 중요하다 하겠다.

첫째, 막 한 살 됐을 뿐이지만 '중대재해법'은 시행 자체만으로도 기업에는 분명 큰 부담 요인으로 다가온 게 사실이다. 하지만 고용노동부의 통계 자료에서 알 수 있듯 아직은 종업원 및 시민의 인권, 생명권을 위해 기업이 책임지고 의무를 다해야 할 과제가 산적해 있다는 점이다. 전체적으로 사망자 수가 몇 명 감소한 것은 큰 의미가 없다. 문제는 지원보다는 처벌 중심인 중대재해법이 시행되었음에도 안전사고가 끊이지 않는다는 점이다. 각 기업이 사업장마다 안전 관리 업무를 위한 조직, 예산, 인력을 강화시켜 왔음에도 많은 난제를 안고 있는 게 현주소다.

둘째, 처벌 위주의 중대재해법이 실효성을 갖는지 의문스럽다는 점이다. 예를 들어 사형 제도가 있다고 해서 강력 범죄가 줄어들지 않는 것처럼 중대재해법도 같은 맥락이라는 점이다. 모든 제도와 시스템은 상벌이 조화를 이룰 때 효율적으로 관리될 수 있다. 중대재해

재난안전관리 교육과 훈련 현장

법은 비록 시행 초기라 할지라도 많은 개선책이 필요하다는 뜻이다. 그래서 정치권에서나 정부에서 개선 움직임을 보이고 있는 것도 같은 맥락으로 볼 수 있다. 개선의 초점은 정부가 개입하기보다는 기업이 더욱 자율적으로 중대재해를 예방하도록 유도하고, 시스템 등을 지원하는 방식으로 전환되어야 한다는 점이다.

셋째, 바로 위에서 지적한 기업의 자율적 중대재해 예방 문화를 정착시키기 위해서는 재난안전관리 업무를 담당하는 직원뿐만 아니라 전체 종사자 모두가 '우리, 나의 생명과 재산은 우리와 내가 스스로 지킨다'라는 정신으로 무장되어 있어야 한다. 냉철하게 말하면 안전 관리 업무 주관자 입장에서 보면 가장 중요하고도 핵심적인 사안이라 할 수 있다. 다시 말해 막중한 책임감과 의무감을 가져야 한다는 사실이다.

모든 직원 개개인이 자칭 '안전 지킴이'가 되어야 한다는 사실을 잊어선 안 된다. 거기에는 철저한 '주인 의식'과 '애사심'이 뒷받침되어야 한다는 점은 두말할 필요도 없다. 안전에 대한 주인 의식과 애사심이란 바로 내 집에 불이 나거나 또 다른 안전사고로 본인과 내 가족의 생명이 위협받을 때 전(예방), 후(구출)에 대처하는 태도와 자세를 연상하면 쉽게 이해가 될 것이다. 그중에서도 전 종업원이 안전 의식으로 무장하는 것이 가장 중요하다. 필자가 다른 챕터에서 거듭 강조해 말했듯 개인별 '안전의식 제고'야말로 효율적인 안전 관리 업무의 99%를 차지한다고 또 한 번 되새기고 싶다.

재난안전관리 교육과 훈련 현장

중대재해 제로, 그러나 '하인리히 법칙'이 보내는 경고

무재해는 단지
'과거'일 뿐, '현재'와
'미래'를 대비하자

**안전 관리 업무에 있어
'과거에 잘했다'라는 말은
아무 의미가 없다
지금과 미래를 위해 오늘도
긴장의 끈을 놓지 말자**

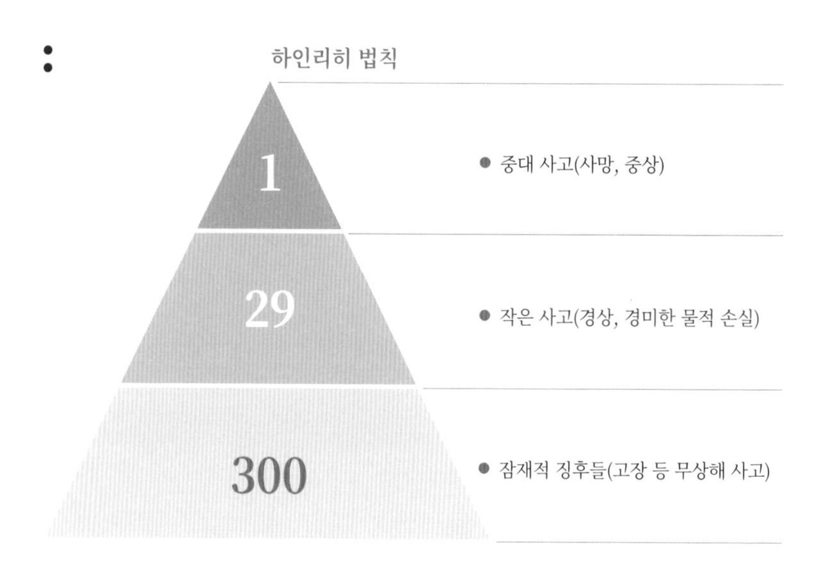

"예측할 수 없는 재앙은 없다."

1:29:300의 '하인리히 법칙(Heinrich's Law)'●의 핵심 구절이다.

필자가 중대재해법 시행 이후 1년간 추진해 온 안전 경영 실적을 돌이켜보던 중 문뜩 '하인리히 법칙'이 떠올랐다. 하인리히 법칙이란 1931년 미국의 허버트 윌리엄 하인리히(Herbert William Heinrich)가 《산업재해예방》이라는 책을 통해 밝힌 이론이다. '큰 사고가 일어나기 전에 반드시 유사한 작은 사고와 사전 징후가 선행된다'라는 경험적·통계적 규칙이다. 다시 해석하면 평균적으로 1건의 큰 사고가 벌어지기 전에 29번의 작은 사고가 발생하고, 300번의 잠재적 징후들이 나타난다는 사실이다.

이러한 하인리히 법칙은 공사 현장 등에서 자주 발생하는 산업 재해는 물론 각종 개인 사고, 자연재해 및 사회적 재난, 식품 안전, 위생 안전, 나아가 경영 위기에서도 자주 나타나는 현상이다. 하인리히 법칙에서의 핵심은 어떤 상황에서든 문제가 되는 현상이나 오류를 초기에 신속히 발견해 대처해야 한다는 점이다. 동시에 초동 대처에 미흡할 경우 큰 문제로 번질 수 있다는 것을 경고한다.

가슴 아픈 이야기를 해보자. 안전 관리 업무 현장에서, 연구 과정에서, 특강에서 수백 번, 아니 수천 번 외친 사건들이다. 이제는 입

● 출처: 네이버 지식백과

이 아플 정도다. 그래도 또다시 언급하지 않을 수 없게 되었다. 성수대교 붕괴(1994), 삼풍백화점 붕괴(1995), 이천 냉동 창고 화재 참사(2008), 세월호 침몰(2014) 등 대부분의 대형 사고는 예고된 재앙이었다. 무사안일주의, 안전불감증, 사전 점검 부족 등이 큰 사고로 이어졌다는 사실이다.

하인리히 법칙을 적용하여 특정 사건을 분석해 보자. 이 내용 역시 '네이버 지식백과'에 실린 내용을 원용한다. 그 특정 사건은 현대 사회에 접어들어 우리나라 대형 재난 사건의 효시 격인 1995년 삼풍백화점 붕괴 사고 이야기다. 이 건물은 지어질 당시부터 문제가 많았다. 옥상에 원래 설계 하중의 4배를 초과하는 구조물이 있었던 것이다. 또한 당연히 들어가야 할 철근이 규정에 턱없이 미달할 정도로 무더기로 빠져 있었다. 이러한 부실 시공과 함께 허술한 관리로 인해 천장이 갈라지고, 옥상 바닥에 치명적인 손상을 입는 등 수많은 작은 징후가 있었다(300의 법칙). 또한 붕괴 사고가 발생하기 전에 에어컨 고장과 관련한 고객의 신고가 이어졌고, 벽 곳곳에 균열이 생겨 붕괴 위험이 있다는 내부 직원의 신고도 있었다. 그런데 삼풍백화점 경영진은 그 이후 전문가의 진단을 받고도 별다른 대책을 취하지 않았다(29의 법칙). 이러한 안전불감증과 무신경이 1,000여 명 이상의 사상자를 낸 대형 사고(1의 법칙)로 이어졌다.

또 다른 사고를 하인리히 법칙으로 분석해 보겠다. 역시 네이버 지식백과에 실린 내용을 참고한다. 2008년 이천 냉동 창고 화재 참사 이야기다. 규정에 매우 부족한 현장 감독 인력이 첫 번째 원인이었다. 한 뿌리에서 이권 나눠 먹기식으로 시행사, 시공사, 감리 업체가 구성되었다. 그러니 감독이 제대로 이루어질 리가 만무하다. 그 속에서 숱한 비리와 위험 요소를 보고도 못 본 체한 것이 허다했다. 이러한 배경 속에 용접 작업을 하다가 흩날린 불티가 샌드위치 패널에 옮겨붙어 이전에도 불이 난 적이 몇 번 있었다. 그 밖에도 여러 차례 작은 사고가 발생했다(29의 법칙). 수차례에 걸쳐 눈에 보이는 경고가 있었음에도 이를 무시하고 아무런 안전 대책을 취하지 않음으로써 결국은 40여 명의 생명을 희생하게 된 것이다(1의 법칙).

하인리히 법칙은 비단 산업 재해 현장에만 적용되는 것이 아니다. 비즈니스, 즉 경제 위기에도 효과적인 법칙이다. 1997년 말 IMF(국제통화기금) 구제 금융, 2008년 미국발 서브프라임모기지 사태 등이 좋은 사례다.

하인리히 법칙이 적용된다는 것은 평소 안전 관리 업무를 수행하면서 업무 태만, 안전 교육 및 훈련 미흡, 정비 불량, 위해 요소 점검 소홀 등 사소해 보이는 징조에 선제적, 적극적으로 대응하지 않았기 때문이다. 다시 말해서 더욱 적극적으로 대응했다면 대형 참사를 막을 수 있었다는 점이다.

한편 하인리히의 '도미노 법칙 사고 발생 5단계' 이론도 관심이 간다. 만약 주의력결핍과잉행동장애(ADHD) 진단을 받은 어린 학생이 충동적으로 방화를 했다고 가정하자. 이를 도미노 법칙에 적용하면

'사회적 환경과 유전적 요소(1단계) → 개인적 결함(2단계) → 불안전한 행동 및 상태(3단계) → 사고 발생(4단계) → 재해(5단계)'의 순으로 이어진다. 즉 대형 사고가 발생하기까지 여러 단계에서 적절히 대처하면 재앙을 막을 수 있다는 의미다. 특히 5단계로 가기 전 바로 전 단계 요소를 제거하면 사고를 미연에 방지할 수 있다는 점을 강조하고 있다.

하인리히 법칙과 유사한 이론으로 깨진 유리창 하나를 방치하면 그 지점을 중심으로 범죄가 확산된다는 '깨진 유리창 이론(Broken Window Theory)'(제임스 윌슨, 조지 켈링, 1982)이 있다. 또한 안전사고와 안전 수칙에 대한 주의 의식을 느끼지 못한다는 '안전 불감증(Safety Frigidity)' 이론이 있다.

이제 결론으로 가자. 본 챕터의 제목에서 의도를 읽을 수 있듯이 필자가 속한 회사에서는 중대재해법 시행 이후 1년 동안 산업 재해나 시민 재해 등 중대재해가 단 1건도 없었다.● 즉 안전 경영 목표이자 미션인 '중대재해 제로(0)'를 달성했다. 하지만 하인리히 법칙에서 제기한 작은 사건·사고, 또는 각종 징후들이 아주 없었던 것은 아니다. 특별한 조직을 만들어 최선의 노력을 기울였지만 '29:300' 규칙에서는 완전히 벗어나지 못했다는 점에 대해서는 아쉬움이 남는다. 단지 중대재해로 발전되지 않았을 뿐이다.

● 중대재해법 시행 이후 전국적으로 사망 644명(고용노동부, 2022. 12. 31. 기준).

따라서 지금은 위안을 나눌 시간이 없다. 또 위안을 삼아도 안 된다. 오직 자기 성찰과 함께 지금부터가 중요하다는 점을 다짐해 본다. 특히 강조하고 싶은 이야기는 안전 관리 업무에 있어 '과거에 잘했다'라는 말은 의미가 없다는 것이다. 잘했든 잘못했든 '과거는 과거일 뿐'이다. 오직 현재와 미래만 있을 뿐이다. 그래서 지금과 미래를 위해 오늘도 '긴장의 끈을 놓지 말자'라고 되뇌어 본다.

2014년 우리 모두의 마음을 아프게 했던 세월호의 인양 현장(사진 출처 : 조선일보 아카이브)

가치 실현의 최고 덕목, 자기 주도 안전 관리

재난안전관리자의
자세와 역할

**자긍심, 성취감, 보람은
자기 주도적일 때
더욱더 힘을 발휘한다**

자기 주도(自己主導)는 자신의 일을 주동적으로 이끌어 나간다는 뜻이다. 자기 주도를 이야기할 때 가장 흔히 쓰는 용어가 '자기 주도 학습'이다. 자기 주도 학습의 사전적 의미는 학습자가 스스로 학습 참여 여부 결정, 학습 목표 설정, 학습 프로그램 선정, 학습 결과 평가 등 학습의 전체 과정을 본인의 의사에 따라 선택하고 결정해 실천하는 학습 형태다.

자기 주도 학습 이론을 안전 관리에 접목시켜 보자. '자기 주도 안전 관리'는 재난안전 관리자가 스스로 자신의 안전 업무 목표를 설정하고, 안전 업무 범위 설계, 업무 전략의 선택, 업무 결과의 평가와 같은 안전 관리 전 과정을 주도적으로 이끌어 가는 관리 형태다. 자기 주도 안전 관리의 특징은 안전 업무 수행 등에 대한 통제권을 스스로에게 위임함으로써 자신의 관점으로 안전 업무를 설계하고 운영에 참여한다는 점이다. 이에 자기 주도 안전 관리는 안전 업무 수행 과정에서의 인지적, 동기적, 정서적 통제권뿐만 아니라 자아에 대한 지각과 이해 및 자아실현의 과정에 초점을 둔다.

안전 관리 담당자의 자기 주도 안전 관리에서는 재난안전관리 책임자의 역할이 매우 중요하다. 특히 재난 관리 업무 수행 과정에서 책임자의 모니터링과 피드백을 통해 담당 실무자의 안전 업무 수행 과정과 절차를 조절할 수 있다. 즉 안전 관리 책임자와 실무자의 지속적인 상호작용을 통해 관리 업무의 자기 주도성을 신장시키고 발전시켜 나갈 수 있다는 점이다. 자기 주도 학습 과정 5단계(출처: 학업적 자기 조절, SMILES)를 유추해서 자기 주도 안전 관리 과정을 단계별로 구별해 보자.

첫 번째 단계는 안전 관리 업무 '필요성과 요구에 대한 진단'이다. 둘째, 안전 업무의 '계획과 목표 수립' 단계다. 여기서 목표는 업무를 통해 성취하고자 하는 '최종 행동, 인지 수준의 결과물'이다. 셋째, 안전 관리 업무를 위한 '인적·물적 확인' 단계다. 이는 안전 업무를 수행하는 과정에서 관리자에게 필요한 여러 가지 인적·물적 자원이다. 넷째, 적절한 안전 관리 '전략의 선택과 실행' 단계다. 즉 효과적이고 효율적인 전략을 선택하고 활용하는 단계를 말한다. 다섯째, 안전 업무 수행 '결과 평가' 단계다. 최종 결과물이 당초 설정한 대로 이루어졌는지를 평가하면서 부족한 내용과 보완할 내용에 대해서는 전략을 수정하기도 한다.

자기 주도 안전 관리의 장점은 우선 안전 업무 담당자가 긍정적인 자신감을 가질 수 있다는 것이다. 관련 업무에 대한 스스로의 능력을 신뢰하고, 스스로에 대해 긍정적인 평가를 내리는 힘이 생긴다. 또한 성취동기가 매우 강하다. 성취동기가 있으면 어떠한 어려움이나 장애 요인도 극복할 수 있는 힘이 생긴다. 탁월하게 일을 해내려는 욕구와 성공을 향한 열망이 불타오른다. 자기 주도 안전 관리의 특징을 키워드로 정리하자면 솔선수범, 자율성, 책임감, 성취감, 자신감, 자존감, 효율성, 능률성, 신속성 등이다. 특히 자기 주도적으로 재난 관리 업무가 이루어질 경우, 필자가 강조하고 또 강조하는 재난안전관리 3대 핵심 역량인 순발력, 창의력, 판단력을 발휘할 수 있는 최적의 조건이라 할 수 있다.

자기 주도 안전 관리는 궁극적으로는 관리 성과를 극대화할 뿐만 아니라 효율성도 높다. 모든 일에 있어 '시켜서 하는 일은 재미가 없고, 스스로 찾아서·알아서 하는 일이 신명 난다'고들 하지 않던가. 안전 관리 업무도 마찬가지다. 스스로 창의적으로 안전 관리 업무를 수행할 때 적은 비용으로, 소수 인력으로, 단순화한 시스템으로 사고를 예방하고 대응할 수 있다. 특히 가장 재미없고 힘든 분야가 안전 관리 분야이기에 더욱더 자기 주도적으로 이루어져야 한다. '잘해야 본전'이라는 안전 업무는 '자긍심'과 '성취감' 그리고 '보람'으로 일하는 곳이다. 그 자긍심, 성취감, 보람은 자기 주도적일 때 더욱더 힘을 발휘한다.

재난안전관리 현장에서 '자기 주도 안전 관리'로 성과를 거둔 사례를 제시함으로써 효과성과 효율성을 검증해 보기로 하겠다. 어쩌면 생생한 현장 경험 사례가 자기 주도 안전 관리를 설명하는데 가장 효과적인 방법이라고 할 수 있겠다. 일상생활에서 매일매일 목격되면서 국민들의 마음에 충격을 가져다 주는 화재 사건을 먼저 이야기하는 것이 순서인 것 같다. 짬을 내서 글을 쓰는 시점에도 서울 '구룡마을 화재 사건'이 방송 뉴스를 타고 있다. 고유의 설 명절을 앞둔 우리들의 자화상이다. 씁쓸하다, 아니 서글프다.

자기 주도 안전 관리 사례로 소개하고 싶은 첫 번째 이야기는 다음과 같다. 각종 아이디어와 제안 내용을 토대로 '화재 발생 시 인명피해 없는 효율적인 대피 방안'을 고안한 경우라 더욱 의미가 있다. 안전 관리 업무 조직 일원으로 환경 안전 업무를 주관하면서 다방면에 걸쳐 능력을 발휘하는 L직원은 2017년 12월 21일에 발생한 충북 제천시 스포츠센터 화재 사건이 두고두고 마음에 걸린 모양이었다. 29명의 생명을 앗아간 사건 자체도 충격적이지만, 평소 시설 관리자가 안전에 대한 인식만 제대로 갖추었다면 많은 생명을 구할 수 있었을 것이라는 생각 때문이었다. 당시 사건을 되돌아보면 화재 등 비상시 사용하여야 할 여성용 목욕탕 비상구가 창고처럼 사용되어 피난에 방해가 되었다. 게다가 대피를 유도하는 직원도 없었을 뿐만 아니라 버튼식 자동 출입문이 제대로 작동하지 않아 피해를 키운 것이다.

이에 L직원은 어느 날 담배를 피우기 위해 흡연 구역인 옥상으로 올라가다가 층마다 설치된 사무실 출입문을 보고 제천 화재 사건이 떠올랐다고 한다. '만약 이곳에서 화재가 발생한다면 자동문은 제대로 작동할 것인가. 특히 화재가 나면 정전이 되기 십상이고, 정전이 되지 않더라도 전기를 차단하는 것이 관리 원칙인데, 그렇다면 전기로 작동하는 자동문은 어떻게 다뤄야 할 것인가…'와 같은 온갖 생각이 주마등처럼 스쳤다. 그로부터 이틀 후 시설 안전 관리자들을 불러 중지를 모았다. 화재에 대비하여 통상적으로 마련된 규칙 이외에 대해 좀 더 효율적이면서 세부적 대피 방법을 구상한 것이다.

① 출입구 주변에 자동문 미작동 시의 탈출 방법에 대한 안내문을 부착하고, ② 강화 유리로 된 자동문은 중앙이 아닌 모서리를 가격해야 한다는 안내문과 망치 등 전용 도구 세부 사용법까지 부착하여 평소 숙지하도록 격려했으며, ③ 화재 대피용 마스크(화학 전용 등 특수 용품 포함)와 손수건을 함께 비치하고 ④ 건물 층별 대피 유도자를 사전 지정하는 등 다각적인 피해 방지 대책을 강구했다.

독자들이 느끼기에는 안전 관리 담당 직원이면 평소에 누구든 당연히 그 정도는 해야 하는 일이 아니냐고 반문할는지 모른다. 그런 지적도 맞는 말씀이다. 하지만 여기에서 강조하고 싶은 이야기는 누구나 하듯 마지못해 하는 형식적인 업무, 그리고 지시에 의해 타율적으로 하는 업무 관행이 아니라는 점이다. 자발적·선도적으로 실행·실천력이 바탕이 된 진솔하고도 소명 의식이 가득 찬 행동이라는 점을 강조하고 싶다.

두 번째 사례는 '특화된 사업 현장의 전문 관리 감독자 양성 제도 도입'의 경우다. 산업 안전을 관리하는 P직원은 평소 전국에 산재해 있는 사업 현장을 관리하는 걸 벅차고 힘들어 했다. 특히 법적으로 의무화되어 있는 공장장 및 물류센터장 등 관리 감독자 교육이 최대 걸림돌이었다. 평소 교육 방법은 물론 효과성 등에 대해 반신반의했기 때문이다. 그러던 어느 날 교육의 질을 높이기 위해 현장 관리 감독자를 대상으로 한 교육 방식을 위탁 교육이 아닌 내부 교육으로 바꾸는 방법을 구상하게 되었다. 그간 외부 교육 기관을 통한 교육에서는 특정 사업장을 위한 전문 교육과 특화된 교육, 그리고 차별화된 교육이 부족했다. 그래서 법적 자격을 갖춘 내부 직원이 관리 감독자를 교육할 경우, 전문성과 책임성을 가질 수 있다. 더구나 잦은 대면 소통을 통해 내실을 키울 수 있고, 교육비도 줄일 수 있다. 내부 직원과의 관계 형성에도 도움이 된다. 자기 주도 안전 관리의 부산물이자 주요 성과다.

세 번째는 '자율적 안전 사고 방지법 습득으로 상시 위해·위험 요인 개선'의 사례다. 주로 고소 작업으로 이루어지는 항공사 정비 업무는 근본적으로 많은 안전 위해 요인을 내포하고 있다. 주로 새벽에 이루어지는 데다 거센 바람을 맞으며 하는 작업이기 때문이다. 정비 업무 안전사고를 관리하는 J직원은 퇴근 이후에도 작업 현장에 자주 남아 '어떻게 하면 추락사를 막을 수 있을까' 하면서 고민으로 보낸 날이 하루이틀이 아니었다. 시키지 않은 일이지만 오직 '직원들의 생명은 내가 지켜야 한다'는 일념 하나로 장비 곳곳의 위해·위험 요인을 찾고 또 찾았다.

먼저 수많은 정비 작업자들과 24시간 함께 일한다는 자세로 작업 방법과 시간대, 날씨, 장비 수명, 그리고 작업자 신장까지 노트에 빼곡히 채워 나갔다. 이를 기반으로 기존 고소 작업대에 부가적인 방호 장치 및 안전대를 설치했고, 고소 작업대 하단부에 특수 고정대를 설치해 강풍에도 흔들림이 없도록 했다. 고소 작업자에 대한 교육도 매주 실시했고, 현장의 목소리는 번개처럼 받아들여 선제적으로 대응했다. 그 이후 빈번했던 추락 사고는 한 건도 없었으며, 재해율도 대폭 감소하는 결과가 나타났다. 솔선수범하는 자세로 자기 주도적 안전 관리의 효과성을 인지한 30대 청년의 노력과 아이디어가 이룬 결과물이다.

네 번째 '전문성과 일인 다역으로 대형 화재 사건 방지'의 사례다. 또 화재 이야기다. 그만큼 재난 안전사고의 대부분이 화재인 경우가 빈번하다. 자고 일어나면 뉴스를 탈 정도로 자주 발생하는 데다, 피해가 가장 큰 사안이기 때문이다. 심지어 화재 진압 과정에서 소방공무원들의 목숨도 동시에 앗아갈 정도로 사회적 파급 영향이 막대하다.

폐기물 양산이 많은 제조 업체에 근무하는 L직원은 평소 '안전 업무는 직급에 따라 별다른 영역이나 역할이 정해져 있는 것이 아니다. 직급의 높낮이에 관계없이 개개인의 역량과 역할로 결정 난다'라는 소신으로 무장한 직원이다. 능동적 역할과 애사심으로 가득 찬 것은 두말할 필요도 없었다. 그런데 어느 날 L직원을 포함한 총 3명이 야간 비상근무를 하는 사업장에서 일이 벌어졌다. 폐기물 창고에서 화재가 발생한 것이다. 평소 교육과 훈련 방식대로 그 가운데 한 명이 순발력 있게 소방서 등 유관 기관에 신고하고, 지휘 계통 보고도 마친 상태였다. 하지만 입사한 지 얼마 되지 않는 신입 직원은 맡은 바 직무에 대한 이해 부족으로 전원 및 통풍 차단 등의 기본 안전 조치도 못하고 두려움에 빠져 당황할 뿐이었다. 이때 L직원이 순발력과 빠른 판단력으로 신입 직원의 몫까지 해냄으로써 대형 화재로 번지는 것을 막을 수 있었다. 이에 앞서 L직원은 안전 관리 전문성과 사명감을 키우기 위해 퇴근 이후에는 사무실에서, 때로는 저녁 늦은 시각에 학원가를 누비면서 안전 관련 공부로 여념이 없었다. 안전 관련 자격증이 넘치는 것은 말할 것도 없다. 그래서 화재가 발생했을 때에도 당황하지 않고 일인 다역이 가능했던 것이다. 자기 주도적 안전 관리 업무 수행이 얼마나 중요한지 다시 한 번 깨우치는 계기가 되었다.

여기서 잠깐 다른 이야기를 해보자. 안전 관리 업무를 지휘 통솔하는 리더들이 흔히 쉽게 하는 말이 '어떤 사고가 발생하면 당황하지 말고, 차분히 규칙대로 대응해야 한다'라는 멘트다. 말로는 쉽지만 '당황하지 말라'는 그 멘트가 얼마나 어려운 이야기인지는 사고 현장을 직접 경험하지 못한 독자들은 쉽게 이해하지 못할 것이다. 화재 사건 같은 긴박한 상황이 벌어지면 대부분은 우왕좌왕하면서 당황하기 마련이다. 잦은 훈련과 교육, 그리고 스스로 내재화된 전문적 안전의식을 갖지 않고서는 어려운 일이다.

'당황하지 말고'라는 구절을 이야기하다 보니 문득 이런 뉴스가 방송을 탄 기억이 난다. '시내 도로에서 한 자가용 운전자가 의식을 잃은 채 가변차로 옆 화단에 부딪쳐 차량이 정지된 상태에서 운전자는 빠져나오지 못하고 차량에서 화재가 발생한 사건' 이야기다. 그때 지나다가 사고를 목격한 한 시민이 순발력 있게 먼저 119에 신고한 후, 운전자를 구하기 위해 차량 문을 열려는 순간, 차량 문이 밀폐된 사실을 확인하고 주위에 있던 돌멩이 등으로 차창을 부숴 운전자를 구출해냈다. 순발력과 순간적인 기지가 없었더라면 운전자의 목숨을 구할 수 없었을 것이다. 이때 운전자 목숨을 구한 시민에게 우리는 '위기 상황, 긴박 상황임에도 당황하지 않고, 순간적 아이디어를 통해 차분하게 대응했기에 성과를 낼 수 있었다'라고 말할 수 있는 것이다. '자기 주도 안전 관리란 이런 것이다'라고 단언할 만한 훌륭한 사례인 것이다.

다섯 번째, '시각적으로 진일보한 안전 표식제 실현으로 폭발 사고 예방 관리'에 만전을 기한 사례다. 제조 공장, 물류센터와 같은 대형 건물의 안전 관리 업무에는 여러 위험 요소가 도사리고 있다. 그래서 가장 좋은 방법은 현장 안전 관리자가 하루 종일 작업장 내부 시설을 (직접) 돌아다니면서 위해 요소를 점검하고 개선하는 데 집중하는 것이다. 사고 발생 개연성이 높은 시설 현장을 직접 눈으로 목격해야 하기 때문이다. 하지만 현실은 안전 관리자가 특정 장소에 하루 종일 대기하면서 지켜보는 것이 쉽지 않다. 현장에서 볼 수도 있고, 책상에 앉아 모니터로도 지켜볼 수 있다.

20여 년 이상 사업 현장에서 시설 안전 관리의 전문성을 터득한 R팀장은 증기압, 수압, 가스압, 오일압 등 시설 내 모든 고압 폭발 사고 예방에 남다른 열정을 쏟아붓고 있던 때였다. 폭발 사고는 화재, 정전, 감전, 폭발, 붕괴 등 통상 '시설 안전 관리 분야 5대 사고' 중 화재와 함께 핵심적으로 다뤄야 할 사안이다. 이에 매서운 찬바람이 부는 12월 어느 날, R팀장은 지방 소재 제조 공장 안전 점검을 하면서 증기압 배관 한 귀퉁이에 설치된 수압계를 보면서 문득 '인간 사고의 한계성'을 생각했다고 한다.

잠시 또다시 비껴 난 이야기를 덧붙이겠다. '모든 발명품은 일상의 불편함에서 시작된다'는 명제 말이다. 통념인지, 속설인지 모르지만 유럽의 오페라 생성과 마이크 개발 배경 이야기다. 지금은 가수가 노래를 부를 때 최고의, 최상의 마이크를 사용하기 때문에 작은 목소리도 충분히 청중들에게 전달된다. 심지어 목소리의 아름다움을 조절해서까지 말이다. 참 좋은 세상인 것이다. 그러나 마이크가 없던 시절의 유럽에서는 지금도 주요 관광지로 여행객을 사로잡는 대성당이나 대강당의 많은 청중 앞에서 목소리를 전달하는 게 쉽지 않았다. 그래서 전달력을 해결하는 방안의 일환으로 고음을 기반으로 하는 오페라 형식의 음악이 탄생했고, 그마저 불편함이 많자 해소 방안으로 마이크를 개발했다는 것이다. 정확하게 증명된 이야기는 아니지만 그저 세속에서 재미나는 비화로 회자되기에 이야기해 본 것이다.

또한 '물 주전자 뚜껑의 작은 구멍'에 얽힌 속설을 이야기해 보자. 구멍이 없는 상태에서 뚜껑을 닫고 주전자의 물을 부으려고 할 때 부어지질 않자, 이 같은 불편함을 해소하기 위한 차원에서 구멍을 뚫게 되었다는 설이다. 또 다른 설은 일본의 어느 한 평범한 직장인이 몸이 아파 약을 먹고 잠을 자는데, 방 난로 위의 주전자 물이 끓으면서 뚜껑이 들썩거리는 소리 때문에 도저히 잠을 잘 수가 없었다. 그래서 홧김에 송곳으로 주전자 뚜껑을 내리찍은 것이 구멍 뚫린 주전자의 탄생이라고 전해지기도 한다. 상기 두 가지 사례가 통념이든, 속설이든 그것은 중요하지 않다. 그저 인간 사고의 한계성, 한편으로는 사고력의 무한성, 그리고 불편함이 새로운 창조물로 이어진다는 이야기를 해보고 싶었던 것이다.

R팀장의 이야기로 다시 돌아가겠다. 시각적으로 누구나 위험 강도를 쉽고 빠르게 인식할 수 있는 표식제와 단순 숫자 계기판만 보이는 표식제는 안전 관리 예방 업무에 있어 하늘과 땅 차이라 해도 과언이 아니다. 통상 각종 압력계 계기판은 숫자로만 표시되어 위험 강도를 느끼기에는 역부족이다. 그래서 고안한 것이 계기판에 숫자 이외에 노랑·파랑·적색의 위험 강도 식별 표식제를 도입한 것이다.

어쩌면 단순한 아이디어 같지만, 평소 자기 주도 안전 관리 문화가 몸에 배어 있지 않고는 불가능한 일이다. 색깔 표식제는 안전 관리자뿐만 아니라 숫자로만 표시돼 있어 위험 강도를 쉽게 인식할 수 없던 현장의 모든 직원이 어렵지 않게 직관적으로 위험도를 파악할 수 있게 해주었다. 그 덕에 업무 효율성이 높아진 것은 당연했다. 그만큼 위험성 인지와 경고 전파 속도가 빠르다는 의미다.

색깔 표식제 이야기가 나왔으니 추가적인 사례 하나 더 이야기해 보면 이해가 쉬울 것이다. 역시 안전에 관한 이야기다. 최근 몇 년 사이에 고속도로를 달려본 운전자라면 누구나 인터체인지 또는 교차로 등에 분홍색과 초록색 등으로 길게 도색된 방향 표시를 목격했을 것이다. 도로공사의 어느 직원이 낸 아이디어에서 시작된 색깔 표시제가 도입된 이후 교차로, 인터체인지 등에서 안전사고가 획기적으로 개선된 것으로 전해지고 있다. 이 역시 '자기 주도 안전 관리' 업무의 일환이다. 두고두고 운전자들에게 회자될 성과라 할 수 있다.

여섯 번째로 '법적 규정 배신(?)과 셀프 규제를 통한 무정전 사고'를 이룬 사례를 들어 보고자 한다. 증권사를 중심으로 약 3,000명이

압력계 계기판의 색깔 표식제

입주한 대형 빌딩 전기 안전 관련 업무를 다루는 P직원은 전기공학을 전공한 전문가답게 평소 UPS(무정전 전원 공급 장치) 운영에 남다른 애착을 가지고 있었다. 회사 성격상 각종 서버와 통신 장비가 많은 데다 각각의 서버와 장비를 안정적으로 관리하는 것이 핵심 업무였기 때문이다. UPS 배터리 용량이 정전 사고의 가장 큰 리스크라고 생각한 가운데, 전문 업체의 전기 설비 상시 안전성 점검에도 불구하고 전력을 원초적으로 공급하는 한국전력의 사고로 정전이 발생하면 큰 문제가 아닐 수 없었다. 그래서 정전 시 전원을 공급하는 비상 발전기 운영에 법적 기준보다 더 엄격한 기준을 마련했다.

① 우선 비상 발전기 시운전 기준을 분기 1회에서 월 1회로 바꾸고, ② 법적 기준으로 5년인 비상 발전기 소모품(냉각수, 엔진오일, 필터 등) 교체 시기를 3년으로 바꾸고, 발전기 성능 테스트도 수시로 했으며, ③ 비상 발전기 소모 연료인 경유의 비축량도 상시 70% 이상이 되도록 개선했다.

이번에는 식품 안전 관리 직원들이 각종 아이디어와 비용 투자 등을 통해 완벽한 안전성을 확보한 사례를 제시해 보기로 하겠다. 식품 안전을 위한 '자기 주도 안전 관리'도 매우 중요하다는 사실 말이다. 우선 'OEM 상품 안전성 확보를 위한 특별 프로세스 제도 도입' 사례다. 식품 회사는 일반적으로 자사 로고가 부착된 OEM(주문자 상표 부착 생산) 상품의 신뢰도와 공신력을 얻기 위해 더욱 체계적이고 차별화된 관리 기준을 마련하는 데 심혈을 기울인다.

애사심과 자사 제품에 대한 자긍심이 대단했던 입사 15년 차 L직원은 공급사 점검을 다닐 때마다 이동 차량 속에서 '식품 안전 제일주의'라고 큰소리로 외치곤 한다. 동승자가 깜짝 놀랄 정도다. 물론 그 속에는 후배 동승자도 정신 똑바로 차리라는 뜻이 내포되었을 것이다. 그러한 주인 의식을 토대로 그동안 식품 업계가 관례적으로 마련한 안전 기준보다 대폭 강화한 기준을 마련하기로 마음먹었다. 제품 개발 단계부터 출시까지 총 5단계의 검증 시스템을 구현한 것이다. 일명 'OEM 안전성 검증 GATE 프로세스'다. 즉 공급사 심사, 신규 원료 검증, 공정 안전성 검증, 표시 검증, 제조 공정 검증 및 시제품 안전성 검사를 완벽하게 실행한 것이다.

안전성 GATE제는 외부 협력사에 대한 상시 안전 관리가 어렵다는 한계점을 해소할 수 있었다. 동시에 더욱 진일보한 식품 안전 관리가 가능하다는 점을 보여주는 대표적인 사례다. 그렇다면 결과는 어땠을까. 당연히 식품 안전에 대한 리스크를 찾아보기가 힘들 정도로 완벽했다. 이 또한 자기 주도 안전 관리가 얼마나 보람되고 중요한 일인가를 여실히 보여주고 있다.

OEM 안전성 검증 GATE 프로세스

- **신규 OEM 공급사에 대한 AUDIT 진행**
  - 'PB 상품 설명서' 사전 수취 필수
  - 제품 표시 검토 실시
- **신규 원·부재료 Check**
  - 모든 원·부재료에 대한 시험 성적서 수취
- **각 공정별 표면 오염도 검사 실시**
  - 공정별 미생물 검사를 실시하여 세척 효과 검증(대표 작업 도구, 제조 설비, 작업자 손,공중낙하균)
- **생산 과정 중 공정 준수 여부 확인**
  - 규격, 성상, 표시 사항 등 품질 중심
  - 공정 미흡 사항 개선 대책서 수취
- **초도 생산 제품 안전성 검사 실시**
  - 규격 검증 파트 실시/ 전 항목 적합 필수
- **GATE 완료 보고서 공유**
  - 식품 안전 팀 작성/공유

다음은 '방사능 오염 수산물 100% 전수 조사를 통한 안전 검사제 도입' 사례다. 쉽게 표현하자면 '일본의 방사능 오염수 방류 최종 결정에 따른 선제적 안전 관리 강화 제도' 도입 이야기다. 수산물 공급사를 담당하고 있는 W직원은 평소에 '저승사자'라는 별명을 듣곤 한다. 말수가 적고 거구에다 담당 분야인 검사 업무에 돌입하면 공급사를 무섭게 다루기 때문이다. 흔히들 말하는 직업의식은 못 속이는 것일까. 2022년 무덥고 불쾌지수가 높은 한여름 어느 날, W직원은 방송 매체를 통해 들려오는 충격적인 뉴스에 경기를 일으켰다. 다름 아닌 일본원자력규제위원회가 후쿠시마 제1원자력발전소 오염수에 대한 해양 방류 인가를 결정했다는 소식(2022. 7. 22)이었다. '2023년 4월부터 첫 방류를 시작으로 30년간 총 130만 톤의 원전 오염수를 바다로 내보낸다. 그리고 방류 7개월 뒤인 2024년 1월이면 제주 앞바다에 도착한다'라는 요지의 듣기도, 읽기도 싫은 뉴스였다.

후쿠시마 제1원자력발전소 오염수 해양 방류 관련 뉴스

기시다 "오염수방류 더는 못 미뤄…올봄·여름 예정대로"

입력 : 2023-03-04 00:03

오염수 탱크가 설치된 일본 후쿠시마 제1원전 전경. 연합뉴스

기시다 후미오 일본 총리가 3일 후쿠시마 제1원자력발전소의 오염수 방류와 관련해 "올해 봄부터 여름 중에 예정된 (오염수 방류)에는 변경이 없다"고 다시금 못을 박았다. 도쿄전력은 이에 맞춰 올봄까지 후쿠시마 제1원전 오염수 방류시설을 완공할 예정이다.

후쿠시마 원전 오염수 '바다 방류' 기우는 일본…'돈 때문이야'

2020.11.01 21:16 입력

평소 국민들이 신뢰할 수 있는 '안전 먹거리' 확보에 대한 자부심이 남달랐던 W직원은 고민 끝에 단안을 내렸다. 수산물 방사능 검사 현황을 확인해 본 결과, 현재는 전체 수산물 취급 품목의 20% 정도만 방사능에 대한 사전 안전성 검사를 실시 중인 것으로 확인했다. 필자가 다른 장에서 '99:1 규칙'을 언급한 것처럼 식품 안전 관리도 사후 관리보다 사전 예방이 중요하다. W직원 역시 수산물 방사능 안전 관리 강화 필요성을 유관 부서에 설파했다. 그런 후에 취급 수산물 전 품목을 대상으로 방사능 검사를 실시하기로 결정을 내린 것이다. 역시 자기 주도 안전 관리의 모범 사례다. 수산물 방사능 오염 건에 대한 대책 문제라는 점에서 그 어느 아이디어보다도 몸에 와 닿는 자기 주도 안전 관리 사례라 할 수 있다.

이번에는 '금속 검출기 자동 기록 장치 설치 의무화'로 신뢰성을 확보한 사례다. 식품 업계는 금속, 비닐, 플라스틱 등 이물질 혼입 이슈 건에 대해서는 꾸준한 연구 등으로 여러 가지 방지책을 강구하고 있다. 식품위생법 등에 따르면 '금속성 이물로 쇳가루는 식품 중 10.0mg/kg 이상 검출되어서는 안 되고, 2㎜ 이상인 금속성 이물이 검출되어서는 안 된다'라고 규정하고 있다. 그렇다면 실상은 어떨까. 식품 제조 공정 특성상 금속 이물 혼입을 완전히 배제하기가 어렵다. 실제로 고객들이 식당에 가서 음식을 먹다가 이물질을 확인하고 항의하는 사례가 더러 있지 않은가. 원인은 다양하겠지만 공급 과정에서 이물질이 혼입되는 이유도 클 것이다.

공급사만 10년 이상 담당한 K직원은 자발적으로 생각해 낸 아이디어가 이물질 검사의 효율성과 성과를 높였다는 데에 강한 자부심을 가지고 있다. 비용이 들고 절차와 단계가 다소 늘어나지만, 검사의 효율성을 높일 수 있는 제도임에는 틀림없다. 그것은 제품이 출하되는 최종 단계에서 금속이 혼입되었을 경우 제품을 자동으로 분류하는 '금속 검출기'가 제대로 운영되고 있는지를 검증하는 장치를 추가로 설치해 운영하는 것이다. 소위 기계가 기계의 활동을 감시하는 장치인 셈이다. 이는 특정 경찰의 범죄자 추적 활동을 믿지 못해 또 다른 경찰로 하여금 범인 추적 경찰을 감시하게 하는 경우를 생각하면 쉽게 이해할 수 있을 것이다. 즉 관련 업계는 어느 회사든 금속 검출기를 활용하고 있지만, 이 장비가 제대로 작동하는지의 여부는 확신할 수 없다. 그래서 금속 검출기 외에 '자동 기록 장치'를 동시에 설치함으로써 부실 검사를 막도록 한 것이다.

마지막으로 공급사 '자율 안전 관리제' 활성화의 일환으로 인터넷 카페 '식품안전 뉴스포털' 운영과 관련한 사례다. 식품 안전에 남다른 애착을 가진 Y직원은 평소에도 안전 업무에 대한 전문성 확립 차

금속 검출기의 성능을 확인하는 자동 기록 장치

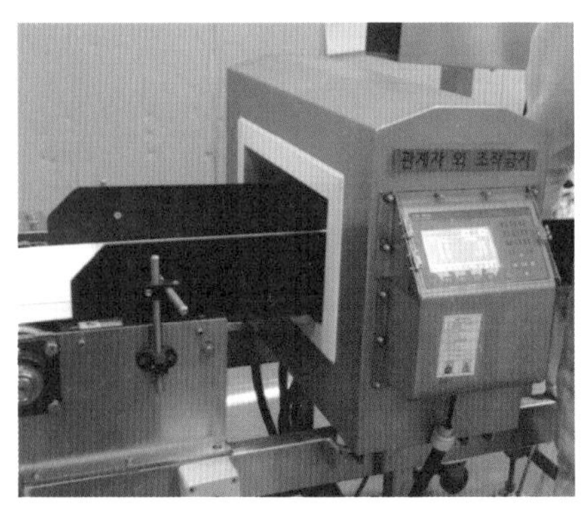

인터넷 카페 '식품안전 뉴스포털'

원에서 안전 교육 내부 강사를 자청하는 등 희생정신과 솔선수범이 몸에 밴 우수한 사회 초년생이다. Y직원은 업무에 대한 열정이 남달라 공급사를 관리, 감독하는 과정에서 신규 도입되는 자율 안전 관리제의 안정화와 효율화가 급선무라는 점을 인식해 최초의 공급사 소통 창구인 '식품안전 뉴스포털'을 개설하여 운영했다.

비공개로 회원들만 공유되는 뉴스 포털이 개설된 이후 공급사 회원들에게 ① 각종 위생 교육 자료 제공 등으로 현업 활성화에 도움을 주는 동시에 ② 식약처 관리 지침 등 식품 안전 정보를 손쉽게 공유할 수 있었으며, ③ 공급사별 우수 활동 내용 등을 교류함으로써 식품 안전 업무 성과 향상에 크게 기여하고 있다.

이 밖에도 '손쉬운 유통기한 식별 애플리케이션 개발', 속칭 '실패 파티'라는 이름의 재발 방지 쇄신안 운영, '사고 제로(zero) 자율 점검표', '무재해 일일 포상제', '안전 구호 제창 상벌제' 등 식품 업계의 위생 안전 관리를 위한 자기 주도 안전 관리 사례는 수없이 많다.

안전 관리 현장의 '과이불개'를 타파하라

2022년의 사자성어를
되새기며,
새로운 2023년을 맞이하자

모든 것은 사람이 하는 일이다
안전에 대한 인식부터 바꿔야 한다

"안녕하십니까? 안전 관리 업무 담당 ○○○입니다."

필자가 다니는 회사에서는 매주 금요일, 한 주의 업무가 마무리되는 늦은 오후에 이르면 전사 게시판을 통해 ○○○ 직원의 엄중하고도 무거운 멘트가 어김없이 올라온다.

"1월 27일 중대재해처벌법이 시행됨에 따라 안전 관리에 대한 사회적 관심이 매우 높아졌습니다. 임직원과 시민의 건강 및 생명을 지키는 것은 우리 회사의 가장 중요한 가치이기도 합니다. 이에 매주 국내 중대재해 사례를 전파 중이며, 이 내용을 반면교사 삼아 사업장 내 모든 직원이 경각심을 가지고 스스로 안전 수칙을 준수할 수 있도록 사고 사례를 전파하여 주시기 바랍니다.”

휴일이 지나고 이른 월요일 아침, 필자 앞에 긴장된 눈초리로 서 있는 또 다른 직원의 무거운 목소리는 금방 안타까움과 슬픔으로 변해 가고 있었다.

“12월 31일 기준, 2022년도 중대재해법에 해당되는 사망 사고가 473명, 질병 29명입니다.● 산업 안전, 시설 안전, 환경 안전, 식품 안전, 위생 안전 분야에서 골고루 발생하고 있습니다.”

그렇다. 중대재해법이 시행된 지 1년을 맞아 모든 기업의 안전 관리 업무가 진일보한 것은 사실이다. 하지만 위의 통계가 말해 주듯 단지 숫자의 차이일 뿐이다. 안전 관리 업무에 대한 관행과 폐습은 여전하다.

화제를 돌려 보자. 타이밍이 기가 막힌다. 〈교수신문〉이 선정한 2022년의 사자성어 이야기다. ‘과이불개(過而不改)’, 즉 잘못을 하고도 고쳐지지 않는다. 《논어》의 〈위령공편〉에 등장하는 문구다. 인간은 불완전한 존재인지라 과오가 없을 순 없다. 하지만 이를 스스로 감당하지도, 고치지지도 않는 것은 변명의 여지가 없는 잘못이란 뜻이

● 한국산업안전보건공단 발표 자료

다. 대학 교수들이 선정한 것이라 아직도 만연하고 있는 학계의 연구 윤리 문제를 꼬집었다 할 수 있다. 또 반성 없이 자기만 잘났다는 식으로 우기는 여야 정치권의 행태를 비판한 것이라고도 볼 수 있다.●

그렇다면 과이불개를 재난안전관리 영역에 대입시켜 과거·현재의 업무 행태와 방식, 그리고 결과를 돌아보자. 대형 재난 사고가 불거질 때마다 국민들이 체감할 것이다. 정부의 재난안전관리 업무의 폐단이 반복되고 있어 불신을 자초하고 있다는 것을. 지금 이 순간에도 '몇 시에 보고했느냐?', '몇 시에 보고받았느냐?', '몇 분 만에 대응에 돌입했느냐?', '책임자는 누구냐?', '책임자 처벌해라' 등을 따져 묻는 목소리만 요란하지 않은가? 경찰 압수 수색과 검찰 본격 소환, 조직 개편, 인력 충원, 예산 증액…. 궁극적으로 말하자면, 혁신과 개선이 어느 정도 이루어졌다고는 하나 과거의 악습이 쳇바퀴 돌 듯 되풀이되고 있을 뿐이다. 삼풍백화점과 성수대교 붕괴 사고, 대구 지하철 방화 사고, 세월호 침몰 등 대형 재난 사고에서 나타난 잘못된 관행은 지금도 여전하다. 고정관념과 근무 자세 및 환경, 시스템, 그리고 타성으로 인해 '이태원 참사' 같은 충격적인 사고가 되풀이되고 있다.

잠시 쉬어 간다는 차원에서 최근 군중 집합이 이뤄진 대형 이벤트 행사 현장에서 경찰관의 과이불개를 타파한 사례를 제시해 본다. 비록 보는 시각에 따라 의미를 달리 해석할 수도 있지만(별거 아닌 것으로 생각할 수도 있고, 큰 의미로 받아들일 수도 있다), 계기가 있을

● "이진영 칼럼, 〈동아일보〉", 2022. 12. 2.

부산 유명 해수욕장 해맞이 행사에 출동한 '혼잡 안전 관리 차량'(사진 출처 : 조선일보 아카이브)

때마다 재난안전관리 업무 현장을 관심 있게 지켜보는 사람과 이태원 참사를 지켜본 사람들이 받아들이는 의미가 남다를 것이다.

내용은 이렇다. 필자가 책의 마무리 단계에서 '과이불개'를 다루고 있는 바로 그때 방송을 통해 '키다리 경찰관' 이야기가 흘러나왔다. 이태원 참사 때 시민 통행 안전 유도 등 인파 통제에 실패해 많은 희생자를 낸 것에 대한 반성, 즉 과이불개를 타파하려는 의지가 접목되어 인파 통제와 관련한 몇 가지 개선책을 내어 놓은 것이다.

"신종 코로나바이러스 감염증 이후 3년 만에 부산 광안리해수욕장 등에는 해맞이 행사로 약 6만 명의 인파가 모였다. 인파가 몰릴 것으로 예상되는 곳에 경찰관 기동대 인력을 집중 배치하였다. 1월 17일에는 '혼잡 안전 관리 차량', '키다리 경찰관'도 배치되었다. 혼잡 안전 관리 차량은 경찰관이 이동식 방송 시스템이 장착된 차량 상부의 단상에 올라가 인파를 내려다보며 관리하는 방식이다. 키다리 경찰관은 약 70m 높이의 간이 사다리에 올라가 메가폰으로 안내방송을 하여 통제하는 형식이다."

그렇다면 민간 영역은 어떨까? 결론부터 말하자면 별반 다를 바 없다고 할 수 있다. 과거 건설 공사 현장 및 제조 공장, 물류센터 등에서는 다양한 산업 재해 및 대형 화재 등이 다반사였다. "국민 여러분, 송구스럽습니다", "책임을 통감하는 차원에서 오늘부터 자리에서 물러나겠습니다", "다시는 이런 사고가 재발되지 않도록 하겠습니다." 그럼에도 반성은커녕 안전에 대한 인식조차 여전히 부족한 실정이다. 안전불감증이 여전하다. 이는 혁신이 미흡하다는 이야기다. 중대재해법이 시행되고 있음에도 아랑곳하지 않는다는 뜻이다.

이 같은 관행의 가장 큰 불씨는 안전 관리 시스템의 문제가 아니다. 관련 조직의 문제도 아니다. 예산과 인력 문제는 더더욱 아니다. 그렇다고 조직, 예산, 인력을 소홀히 하자는 의미가 아니다. 그것은 그것대로 개선하고, 혁신해야 한다. 다만 모든 것은 사람이 하는 일이라 안전에 대한 인식부터 바꿔야 한다. 영혼 없는 사람이 아니라 뇌를 움직이라는 뜻이다. 역대 정부나 기업들의 잘못된 관행이 지속되는 이유는 간단하다. 모든 게 안전 관리 인식이 부족하기 때문이다.

“중대재해 제로!”
“산업 안전사고 0건.”
“화재 등 시설 안전사고 0건.”
“환경 안전사고 0건.”
“식중독 등 식품·위생 안전사고 0건.”
“안전의식 제고를 위한 교육·훈련 강화.”
“일일 상황 보고 확대.”
“현장 중심 안전 경영 강화.”

2023년이 되었다. 상기 각오들을 진심으로 다지며 재난안전관리 현장의 과이불개가 고쳐지길 기대해 본다. 단지 기대만 해서는 안 된다. 반드시 이뤄 내야 한다. 준엄한 심판이 도사리고 있다. 종업원(산업 재해)과 시민(시민 재해)의 ‘인권’과 삶의 ‘행복 추구권’을 위하여!

민관, 상생과 협력적 거버넌스로 미래를 대비하자

튀르키예의 눈물부터 백두산 화산 폭발(?)까지, 대재앙의 서막

**미래의 예측 불가능한
대형 재난에 대비하기 위해서라도
상생과 거버넌스, 협력이라는
키워드를 잊어선 안 된다**

필자가 단행본 집필을 마무리한 후 출판을 준비하고 있는 시점에 전 세계인을 충격에 휩싸이게 한 자연 재난이 발생했다. 튀르키예·시리아 대지진이 발생한 것이다. 생명권을 송두리째 앗아간 참혹한 사건이라 단순히 자연 재난으로 표현하기보다는 차라리 대재앙으로 부르는 것이 타당할는지 모른다. 2011년 지진과 해일에 의한 '후쿠시마 원전 사고'와 함께 근자에 발생한 자연 재난의 대표적인 사례가 될 것이다.

사건의 심각성·중요성과 함께 필자의 글이 마침 사회 재난과 자연 재난 관리를 다루는 내용이기 때문에 튀르키예 지진 사건을 교훈 삼아 짚어 보는 것도 의미 있을 것으로 판단했다. 그래서 인쇄를 잠시 보류하고 새로운 챕터를 마련해 미래의 자연 재난에 대비한 우리들의 자세와 마음가짐을 다져 보기로 한다.

당초 7.8 규모의 튀르키예 지진이 발생했을 당시 필자는 지진 강도나 피해 상황 등을 고려할 때 약 3만 명에서 4만 명 가까운 사망자가 발생할 것으로 예측한 바 있다. 하지만 10만 명이 훌쩍 넘는 희생자가 나올 수도 있다는 전망이 여기저기서 터져 나왔다. 역사적으로 기록될 사건이다. 튀르키예 대지진 사건은 다른 어떤 사건보다 우리나라 국민들에게 색다른 감정으로 다가오는 것도 사실이다. 튀르키예와 대한민국의 특별한 관계 때문이다. '형제의 나라'로 불려 온

튀르키예 지진 사고에 대한 현장 보도
— "지진 잔해 속 슬픈 기적… 엄마는 새 생명을 낳고 떠났다" (사진 출처 : 조선일보 아카이브)

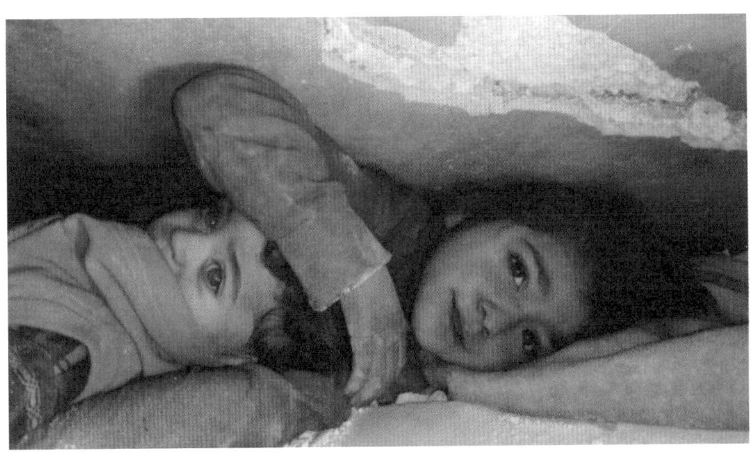

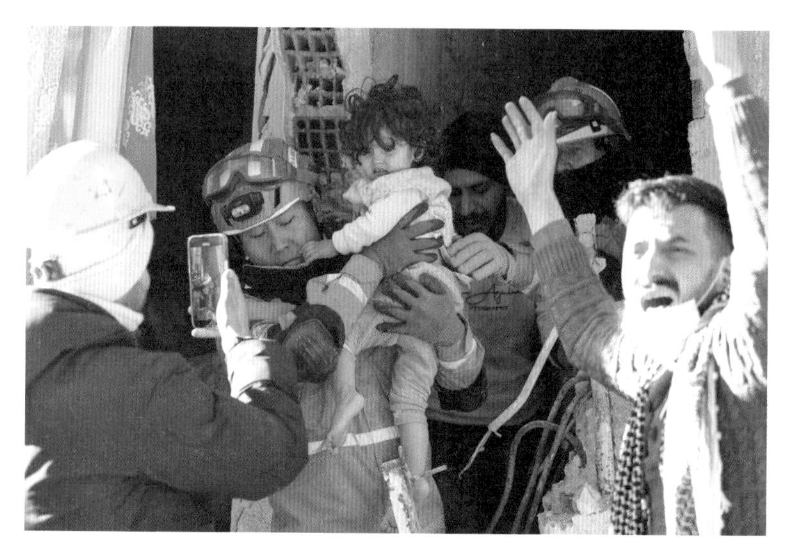

튀르키예 지진 사고에 대한 현장 보도
— "지진 현장에 간 한국 구호대, 첫날 70대·일가족 3명 구했다" (사진 출처 : 조선일보 아카이브)

튀르키예는 6.25전쟁 참전(미국, 영국에 이어 세 번째로 많은 1만 4,936명의 병력 파병)은 물론 배구 선수 김연경, 축구 선수 김민재 등 세계적인 한국 선수들이 최근까지도 활동했던 무대다. 그래서 더욱 친근감이 느껴지는 나라이기도 하다. 특히 2002년 한·일 월드컵 당시 3·4위전에서 보여준 대한민국과 튀르키예(당시 터키)의 우정은 여러 가지 의미로 양국 국민들의 가슴속에 오랫동안 투영되고 있다. 튀르키예가 대한민국 국민들의 관광 선호 지역이라는 점은 두말할 필요도 없다. 그래서 해외에서 발생한 다른 어떤 사건보다 우리의 가슴을 아프게 하고 있는 것이다.

여기서 잠깐 다른 이야기를 해보자. 우리가 튀르키예를 좀 더 이해하자는 차원에서다. 통상 우리나라와 '형제의 나라'라 하면 전 세계에서 세 나라가 떠오른다. 튀르키예와 헝가리, 베트남이다. 필자가 역사학자나 민족 연구가가 아니기 때문에 공개적인 글에서 역사적 뿌리를 섣불리 이야기할 수는 없다. 동시에 전문가가 아닌 입장에서 역사를 함부로 이야기해서도 안 된다. 다만 그동안 언론 매체나 전문가들의 구전을 통해 간간이 전해진 이야기를 토대로 언급하자면, 우선 헝가리와 터키 민족은 대한민국과 같은 우랄알타이어족에 뿌리를 두고 있다. 그래서 음식과 놀이 문화 등 생활상에서 일정 부분 유사점이 있는 것으로 알려지고 있다.

그리고 베트남 역시 과거 고구려 등 북방 지역 유민들이 이주하여 정착하기도 하고. 심지어 베트남 왕족이 대한민국에 건너와 뿌리를 내린 것이 정선 이씨와 화산 이씨라는 점 등이 형제 나라에 대한 근거로 회자되곤 한다. 더구나 베트남은 지금도 혼맥과 일자리 문제 등으로 돈독한 우정을 나누는 사이이다. 베트남 축구 대표 팀을 이끈 박항서 감독이 양국의 우정을 더욱 강화시켰다는 점은 두말할 필요도 없다. 이들 형제 국가 중 지진 피해국인 튀르키예에 대한 이야기를 좀 더 구체적으로 나눠 볼 필요가 있겠다.

2022년부터 국호가 터키에서 튀르키예로 변경되었다. 이는 원래 터키인들은 자신들의 나라를 '투르크'라고 부른 데서 유래한다. 투르크는 '돌궐'의 또 다른 발음이란다. 고등학교 역사 교과서에서 누구나 접해 본 이야기지만 돌궐족은 고구려와 동시대에 존재한 북방 민족이다. 그 돌궐족 유민들이 튀르키예로 이주해 정착한 모양이다. 전문가도 아닌 문외한의 입장에서 역사 이야기를 더 이상 깊이 파고드는 것은 예의가 아닌 것 같다. 다만 대한민국 국민이면 누구나 튀르키예 대지진 사건에 대해서는 아픔을 공유하면서 그 위안과 치유에 적극 동참하는 것이 도리일 것이다. 현재 진행 중인 현지 구조 활동은 물론 기부금, 구호품 제공 등 미력으로나마 도움을 주자는 취지에서 가벼운 역사 이야기를 두서없이 곁들여 보았다.

필자가 튀르키예 대지진 사건을 지켜보면서 하고 싶은 이야기는 지금부터다. 단지 피해 복구 등 현실적인 문제에만 연연해서는 안 된다는 점이다. 다양한 시사점과 함의를 찾아야 한다. 필자를 비롯한 재난안전관리 업무를 하는 사람들은 더욱 그러하다.

첫째, 기후 변화와 도시화, 산업화 등으로 지구촌 곳곳에서 튀르키예 대지진과 같은 대형 참사가 기하급수적으로 늘어난다는 사실이다. 즉 남의 일이 아닌 것이다. 필자가 이미 앞선 챕터에서 '괴산 지진' 사건을 사례로 제시한 바와 같이 우리나라도 지난 30년간 5.0 규모 이상 지진이 9차례나 있었다. 근자에는 2016년 경주에서 5.7 규모, 2017년 포항에서 5.4 규모의 지진이 발생했다. 문제는 앞으로도 우리나라는 지진 안전지대가 아니라는 사실이다. 여기에 최근 일부 지질학자들을 중심으로 백두산 화산 폭발 가능성까지 대두하고 있다. 일부 언론에서 이미 특별 방송을 하며 국민적 관심사와 함께 두려움과 경각심을 고취시킨 바 있다. 실제로 백두산 화산 폭발이 진행된다면 그 피해는 상상을 초월할 수 있다.

둘째, 역사상 막대한 인적, 재산적 손실을 가져온 튀르키예 대지진 피해 상황을 지켜보면서 지진이 일상화되다시피 한 일본의 대비 자세를 짚어 보는 것도 의미가 클 수 있다. 일본은 지진 발생 빈도나 규모로 볼 때 튀르키예 대지진 사건 이상으로 인적, 물적 피해를 가져올 수도 있었다. 그럼에도 불구하고 건물에 대한 완벽한 내진 설계와 지진 발생 시 국민들의 대피 요령 등 철저한 교육과 훈련이 있었기에 늘 피해를 최대한으로 줄이고 있다. 이에 반해 튀르키예는 경제적 여유와 기술 부족 등으로 인해 지진에 대한 예방·대비가 부족한 게 사실이었다. 그것이 인적·재산적 피해를 키운 근본적인 원인인 셈이다. 우리나라도 정부나 국민 모두 자연 재난에 대비한 준비가 여러 측면에서 진전을 보이고 있다. 그러나 여전히 재난 대비 시스템과 안전에 대한 국민 인식이 개선되어야 할 부분이 많다.

튀르키예 지진 사고에 대한 보도
— "튀르키예 긴급 구호대에 軍 50명 추가 파견…총 110명 규모" (사진 출처 : 조선일보 아카이브)

셋째, 각종 사건·사고를 중심으로 발생하는 사회적 재난과는 달리 후쿠시마 원전 사고, 튀르키예 대지진 같은 자연 재난은 예방에 한계가 있다. 어쩌면 예방은 의미가 없다고 해도 과언 아니다. 근원적으로 인간의 기술과 능력으로는 예방이 불가능하기 때문이다. 하지만 자연재해 발생 시 피해 최소화 방안, 즉 대피 요령이나 희생자 구조 시스템 및 장비 구축, 그리고 응급 조치를 위한 의료진 확보 등의 사전 준비는 철저히 이루어져야 한다. 사건 발생 자체는 막을 수 없지만 사건 발생 이후 대응과 복구를 위한 대비 체제는 철저히 갖춰야 한다는 의미다.

씨프린스 기름 유출 사고 현장에서 이뤄진 민간 기업과 국민의 자원봉사 (사진 출처 : 조선일보 아카이브)

특히 기업 입장에서 보면 중대재해법은 산업 및 시설 안전 문제로 발생하는 사회적 재난, 즉 인적 재난과 관련된 법이다. 하지만 더욱 큰 틀에서 보면 지진과 같은 자연 재난이 소수의 생명권을 박탈하는 사회적 재난보다 예방 관리가 중요하다. 한 번 발생하면 대규모로 종업원과 시민들의 생명권을 박탈하기 때문이다. 그렇기에 기업도 평소에 사회적 재난 이상으로 자연 재난에 철저히 대비해야 한다.

넷째, 재난 관리 업무에 있어 효율적인 예방, 대비, 대응, 복구를 위해서는 무엇보다도 전 국민이 혼연일체가 되어야 한다는 사실을 잊어선 안 된다. 특히 민관의 상생과 협력적 거버넌스 구축이 매우 중요하다. 자연 재난 대비는 육하원칙 모두가 '민'과 '관'이 구분되어서는 안 된다. 민관이 치열하고도 열정적으로 협력해야 한다. 과거 '씨프린스호 기름 유출 사고' 때 민간 기업이 자원봉사 개념으로 주도적으로 나서 복구한 사실을 기억해 보자. 빠른 시일 내에 생태계 복원의 기적을 보여줘 전 세계가 찬사를 보냈다. 민관 거버넌스의 힘이다.

그만큼 대형 사고에 대한 대비는 민관 협력이 결정적 성과 변수다. 다만 민관 협력이 중요하되, 필자가 강조해 온 자율성(자발성), 창의성, 그리고 자기 주도 안전 관리 자세가 전제되어야 한다. 더불어 자연 재난 대비는 민간의 역할이 더욱 중요하다. 미래의 예측 불가능한 대형 재난에 대비하기 위해서라도 '상생'과 '거버넌스', '협력'이라는 키워드를 잊어서는 안 된다.

추천의 글

•

사안을 꿰뚫어 보는 혜안과 날카로운 문제의식을 만나다

전 안전행정부 장관 **강병규**

••

사회가 있는 곳에 법이 있다 (Ubi societas, ibi jus)

대검찰청 중대재해 자문위원장 **권창영**

추천의 글

사안을 꿰뚫어 보는 혜안과 날카로운 문제의식을 만나다

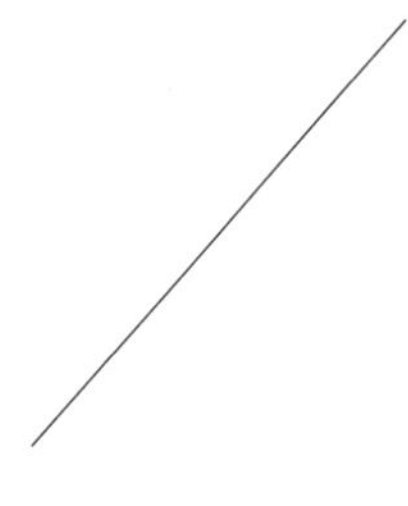

전 안전행정부 장관
강병규

금동일 박사를 처음 알게 된 것은 내가 30년간의 공직 생활을 마무리하고 고려대학교 정책대학원에서 지방행정론 강의를 할 때였다. 당시 그는 안보 부서의 공직자로서 풍부한 행정 경험을 갖춘, 사안의 핵심 파악이 뛰어난 논리적인 학생이었다. 저자는 공직을 마무리한 후, 최근 민간 기업의 안전경영 총괄 대표로 활동하고 있는데, 바쁜 회사일과 병행하여 그의 오랜 안보 행정 경험과 이론을 바탕으로 이번에 재해 관련 책을 발간한다고 해서 초안을 받아 단숨에 읽어 보았다.

사실 나도 오랜 기간 안전행정부에서의 공직 생활을 그만두고 나서 직접 체득한 행정 경험을 바탕으로 책을 쓰겠다고 마음만 먹고 차일피일 미루다 결국 실행을 이루지 못해 아쉬움을 갖고 있던 차에, 이 책을 읽고 큰 감동을 받았다. 우리나라 재해 현장의 문제점과 제도, 법령 등의 미비점에 대해 명쾌한 서술과 분석을 통해 재난 관련 현주소와 향후 개선 방안 등에 대해서 저술하였다. 전적으로 공감하면서도 왜 유사한 재난 사고가 계속 발생하고 전혀 개선이 안 되는지 재난 관리 업무를 해본 나로서는 부끄러움을 느끼지 않을 수 없었다.

지난 1990년대 성수대교 붕괴, 삼풍백화점 붕괴, 2003년 대구 지하철 화재 사고, 2014년 세월호 참사 등 후진국형 대형 인명 사고가 빈번히 발생하면서 정부가 본격적으로 재난안전관리 체계를 구축하고, 전문 인력과 기구 확충 등을 꾸준히 해온 것은 사실이나, 사고는 계속되고 근본적인 개선이 전혀 안 되고 있는 것이 현실이다. 특히 재난안전관리 분야는 '3D 분야'로서 공직자들이 기피하거나 '잘해야 본전'이라는 타성을 벗어나기 어렵기 때문에 전문가 양성이 어렵고, 사명감을 갖기도 어려운 것이 사실이다.

이 책을 읽으면서 계속 발생하는 재해나 각종 사고 원인과 해결 방안에 대하여 저자가 사안을 꿰뚫어 보는 혜안과 날카로운 문제의식을 갖고 있다는 점을 새삼 알게 되었다. 오랜 현장 체험 및 공직 경험과 이론적 분석을 통해 안전 관리 체계 4대 요소 즉 안전의식의 중요성, 사고 대응 매뉴얼 구축, 상시 상황 점검의 중요성과 현장 중심 활동 강조와 함께 우리나라 재해·재난 안전 시스템의 문제점과 그에 따른 획기적 개선 방향의 대전환을 제시하고 있다. 국가나 지자체의 중요한 기본 임무는 국민의 생명과 신체의 안전, 재산 보호에 있다는 점은 아무리 강조해도 지나치지 않을 뿐만 아니라 모든 정책의 최우선 순위에 두어야 할 것이다.

소속원들에 대해서 최대한 안전 조치를 강구해야 하고, 위반 시 처벌하는 중대재해처벌법이 2022년부터 시행되면서, 최근 민간 분야에서도 안전 관련 인식이 많이 달라지고 있다. 특히 이 책에서 저자는 대기업 안전경영 총괄로서 재난 방지 시스템 못지않게 중요한 점으로 관리자의 재난에 대한 인식과 상황 판단력, 그리고 조직 내의 재난 관련 대응책과 구성원 각자의 역할, 책임 등에 대한 정보와 의견을 상시 자유롭게 공유할 수 있는 긴밀한 커뮤니케이션 체계를 매우 강조하고 있다.

바쁜 업무와 어려운 여건 속에서 책을 출간한 저자에게 그간의 노고에 대해 진심으로 축하를 드리며, 이번 저서를 계기로 예나 지금이나 거의 변화가 없는 재난 분야에 대한 국민들의 관심과 인식이 높아지고, 문제점을 해결할 수 있는 방안들이 더욱 활발히 제기되기를 희망한다.

또한 오랜 공직 생활을 통해 연마한 통찰력과 함께 적극적 실천력을 갖고 있는 저자가 공직에 이어 제2의 인생을 시작하면서 재난안전관리 분야에서도 앞으로 큰 역할을 할 것으로 기대하면서, 공공 기관뿐만 아니라 민간 기업의 관련 분야 많은 이들에게 이 책의 일독을 기꺼이 권한다.

추천의 글

사회가 있는 곳에 법이 있다 (Ubi societas, ibi jus)

대검찰청 중대재해 자문위원장

권창영

주지하는 바와 같이 대한민국은 전 세계에서 유례 없는 압축 성장으로 짧은 기간 내에 식민 지배, 전쟁, 분단의 상흔을 극복하고 선진국의 반열에 들어섰다. 그러나 산업 재해와 시민 재해는 거의 매일 주요 뉴스를 장식하고 있는 실정이다. 법이 살아 숨 쉬면서 규범으로 온전히 작동하기 위해서는 끊임없이 변화하여야 한다.

대한민국 헌법 전문(前文)은 "우리들과 우리들의 자손의 안전과 자유와 행복을 영원히 확보할 것을 다짐하면서 헌법을 개정한다"고 규정하여, 안전의 확보가 대한민국 제1의 국정 목표임을 천명하고 있다. 또한 헌법 제34조 제6항은 "국가는 재해를 예방하고 그 위험으로부터 국민을 보호하기 위하여 노력하여야 한다"고 규정하고 있다. 위와 같은 국가의 헌법상 책무를 이행하기 위하여, 정부는 〈중대재해처벌 등에 관한 법률(이하 중대재해처벌법)〉을 제정하였고, 위 법률은 2022년 1월 27일부터 시행되었다.

중대재해처벌법을 제대로 집행하고 목적을 달성하기 위해서는 안전 문제의 존재(Sein)와 당위(Sollen)에 관한 올바른 이해가 선행되어야 한다. 그동안 중대재해처벌법의 제정과 시행 과정에서 법학자와 법률가들을 중심으로 많은 전문 서적을 출간하였고 다수의 논문도 발표하여, 위 법의 해석과 개정에 관한 논의가 풍성하게 이루어지고 있다. 이와 달리 산업 현장에서 안전 확보와 재해 예방을 위해 노력하는 안전 전문가의 시각으로 바라본 서적은 찾기 어려웠다.

저자는 국가 안보를 담당하는 여러 기관에서 오랫동안 공직생활을 하다가 현재는 ㈜아워홈에서 안전경영 총괄 업무를 수행하고 있는 보기 드문 안전 전문가이다. 위와 같이 화려한 경력을 갖춘 저자가 그동안 현장에서 다양하게 체험하고 행정학 박사로서 지속적으로 연구해 왔던 안전 관련 경험과 지식을 담아 귀중한 서적을 출간하게 되었다.

이 책은 경영 책임자의 비전과 책무, 재난안전관리에 필요한 소통과 실행, 경영자와 근로자의 공감과 감성, 안전 업무 책임자의 다짐과 약속으로 구성되어 있다. 위와 같은 대제목 아래 다양한 소주제를 선정하여 저자의 경험과 지식을 토대로 중대재해 예방, 대비, 대응, 복구와 관련된 사항을 자세히, 그리고 체계적으로 서술하고 있다. 안전에 관한 전문 지식 이외에도 매 항목마다 뉴스를 비롯하여 저자가 현장에서 경험한 재미있는 사례를 수록하고 있어 끝까지 재미있게 읽게 되는 것도 또 하나의 즐거움이다.

추상적인 법령과 판례를 중심으로 논의를 전개하는 법학 전문 서적과는 달리, 산업 현장에서만 경험할 수 있는 안전에 관한 문제점을 지적하고 합리적인 해결 방안을 제시하는 저자의 혜안에서 안전을 담당하는 현장 전문가의 중요성을 깨닫게 된 것은 커다란 수확이라고 할 수 있다. 이런 점에서 이 책은 매우 반갑고 아주 값진 의미를 지닌다. 모쪼록 저자의 안전에 관한 열정에서 시작해 탄탄하게 써 내려간 이 저서에 담긴 지식과 경험이 우리 사회를 위해 소중하게 활용되고, 저자가 기울인 헌신적인 노력이 더욱 빛을 발하기를 기원한다.